地质科普丛书
DIZHI KEPU CONGSHU

总主编 杜春兰

副总主编 任良治 蒋文明

Explore the ancient forest of Chongqing

探秘巴渝远古森林

重庆市地勘局208水文地质工程地质队
重庆市地质灾害防治工程勘查设计院 组编

主编 张 锋　副主编 李 萍 邓小峰

参编 周羽漩 余海东 熊 璨 王荀仟
　　 肖 明 谢 斌

重庆大学出版社

图书在版编目（CIP）数据

探秘巴渝远古森林 / 张锋主编. -- 重庆：重庆大学出版社, 2019.5
（地质科普丛书）
ISBN 978-7-5689-1514-4

Ⅰ.①探… Ⅱ.①张… Ⅲ.①古植物—植物化石—重庆—通俗读物 Ⅳ.①Q914.2-49

中国版本图书馆CIP数据核字（2019）第066993号

探秘巴渝远古森林
Tanmi Bayu Yuangu Senlin

总 主 编 杜春兰

副总主编 任良治 蒋文明

主 编 张 锋

副 主 编 李 萍 邓小峰

责任编辑：林青山 版式设计：黄俊棚

责任校对：关德强 责任印制：张 策

....

重庆大学出版社出版发行

出版人：饶帮华

社 址：重庆市沙坪坝区大学城西路21号

邮 编：401331

电 话：（023）88617190 88617185（中小学）

传 真：（023）88617186 88617166

网 址：http://www.cqup.com.cn

邮 箱：fxk@cqup.com.cn（营销中心）

全国新华书店经销

中雅（重庆）彩色印刷有限公司印刷

....

开本：787mm×1092mm 1/16 印张：5.5 字数：80千

2019年9月第1版 2019年9月第1次印刷

ISBN 978-7-5689-1514-4 定价：33.00元

....

序言

　　化石是远古时代的印记，无声地讲述着地球万物的历史变迁。植物作为亿万年前就存在的生命体，其化石记录了大自然的沧海桑田，见证了生命演化的奇迹。

　　重庆是古生物王国，植物化石资源十分丰富，既富有《梦溪笔谈》中的远古节蕨类植物，又聚集目前西南地区规模最大、保存最完整之一的硅化木化石群（綦江木化石群），更不乏桫椤、崖柏等珍贵的植物活化石等，数量庞大、种类繁多，随绵延群山广泛分布，好似一本本"地层万卷书"，讲述着巴渝远古森林的诞生与演化——4亿多年前，巴渝大地逐渐浮出海面，海洋植物被迫登陆，开启了生命演化新纪元；泥盆纪时代，植物向大陆腹地进发，巴渝大地第一次披上绿装；侏罗纪时期，大陆被海洋割离，裸子植物没落，花木繁盛芬芳巴渝……

　　衷心感谢古生物化石保护工作者，常年不辞辛苦、不舍昼夜奔走于野外一线，竭力推动重庆古植物化石保护事业大步向前。同时感谢张锋博士等208水文地质工程地质队队员，编辑出版《探秘巴渝远古森林》一书，填补了重庆植物化石领域科普读物的空白，以通俗的语言、精美的图片，展现了一幅幅生机勃勃的远古森林画卷。

　　掩卷而思，不由感慨：一部人类文明史就是人与自然关系的发展史。而今进入生态文明时代，坚持人与自然和谐共生成为人类社会最基本的关系，愿我们携起手来共护地球家园，还苍穹蓝天白云、繁星闪烁，还大地清水绿岸、鱼翔浅底，留住鸟唱虫鸣、馥郁花香。

重庆市规划和自然资源局党组书记、局长

2019 年 1 月 17 日

　　绿水青山就是金山银山，而造就绿水青山的无疑就是植物。但植物并不是一开始就有的，古生物学的研究已经证实植物经历了一段长达数亿年的演化历史，并且不同地区，从地层出露和化石产出类型的差异看，呈现出不同的特点。

　　重庆是我国面积最大的直辖市，辖区内山脉河流纵横，富含化石资源，是一个名副其实但又鲜为人知的古生物王国。重庆是目前已经被自然资源部认定的具有丰富古生物化石资源的 15 个省市之一，辖区内的地层中保存有多种多样的古生物化石类型。这些化石资源中最著名的是中生代的恐龙，遍布重庆半数以上区县。2017 年在云阳县发现了世界级恐龙化石产地，可以说重庆是名副其实的"建立在恐龙脊背上的城市"。除恐龙之外，古植物化石同样遍布重庆半数以上的区县，并且时代横跨泥盆纪、二叠纪、三叠纪、侏罗纪、白垩纪和新生代，其中最有名的无疑是近些年不断被发现的硅化木。由于硅化木受大众关注度较高，很多人已经把硅化木当作植物化石的代名词了。但事实上，重庆植物化石的种类远远不止于此。

　　笔者从事古生物学研究数十年，之前主要的研究对象为动物化石，但自从到重庆工作以来，笔者开始不断地接触植物化石，民间也不断有一些发现并联系笔者，经过现场考察发现其中多数为硅化木，也有一些植物枝叶化石，也不乏阴沉木这样的接近现代的植物。随着研究工作的深入和野外调查的不断扩大，笔者日益感觉到重庆的古植物化石远远比想象的要多。尤其在完成了綦江木化石的研究之后，当时课题要求撰写一本科普小册来介绍綦江地质公园的木化石。写完这本小册子之后，笔者萌发了要写一部系统介绍重庆古植物化石和演化历史的科普书的想法，后来笔者又陆续考察了重庆几处植物化石集中产出的地点。通过资料收集和研读，发现重庆有介绍恐龙的科普读物、有介绍古脊椎动物（例如大熊猫）的科普读物，但介绍古植物的科普读物还是一片空白，甚至全国关于古植物的科普资料也不多。多种因素最终让笔者下定决心撰写这本关于重庆古植物化石和演化历史的科普书，并成功在市规划和自然资源局立项，使得科普书的完成有了坚实保障。

虽然撰写工作看起来似乎比较容易，但实际困难远比预想的要多，远古植物景观复原图需要自己构想设计，同时绘画过程中还要反复讨论。总的脉络虽然清晰，但很多地层并未发现化石，于是深感需要结合全球植物演化背景来写，感觉这样既可以填补重庆植物演化之不足，又可以让大众更多地了解古植物方面的知识。特别感谢重庆人文科技学院李丽老师为本书绘制了精彩的远古场景复原图。总之，感触颇多，在此无法一一赘述，还是由书中的内容来说吧。

笔者希望借助此书，让大众对重庆的植物化石分布情况、重庆植物的演化历史以及全球背景下植物演化的历史有所了解，关注重庆市内的植物化石、森林和植物，自发地加入植物和植物化石的保护中。更希望引起大众关注的，不仅是古植物，还有其他所有的古生物化石，也希望更多政府部门能关注重庆古植物乃至古生物的研究与保护。重庆古生物的研究是中国古生物研究的开端。从 1935 年开始，以我国著名古生物学家杨钟健教授为代表的众多学者就对重庆古生物脊椎化石进行了一定程度的研究，但研究成果多集中在 2000 年之前，之后的成果多零星发表，与植物化石有关的研究更是少得可怜，这种状况与重庆古生物大市的身份无法匹配。近几年重庆不断发现的古生物化石，尤其是大规模重要的古生物化石动物群，表明了重庆古生物化石在科学研究、科普宣传和保护性开发等方面有不可估量的价值。笔者的心愿也在于通过对古生物化石的研究、保护与开发，让重庆成为一个名副其实的古生物大市、古生物强市！

目 录

0. 引 言

重庆，也称巴渝，是一座名副其实的山水城市。辖区内群山绵延，发育有郁郁葱葱的茂密森林。这些森林不但为重庆提供了众多优美的风景名胜供人们观赏，还构建了较为完善的生态系统，是天然氧吧和动物生活的乐园（图 0.1）。

图 0.1　重庆连绵的山川

如果告诉你，重庆这些绵延的森林并不是只有今天才有的，你肯定觉得这个不算什么，稍有点科学常识的人都知道。但是，要问你重庆这些山川森林的历史，恐怕能回答出来的人屈指可数。其实，早在亿万年前，重庆就是一片一眼望不到边的绿色森林海洋，这些远古森林很早就让重庆这片土地十分宜居，很多动物自由愉快地生活其中，从而让重庆今天的山中产出大量化石（图 0.2）。

这些森林是什么时候开始出现的？从古到今又经历了什么样的神奇故事？

这个问题我们可以从重庆绵延群山中没有被植被覆盖而裸露出来的"地层万卷书"中找到答案。重庆辖区内出露了前寒武纪到第四纪的地层，这些地层所代表的地质时间涵盖了整个生命的主要演化历史，其中自然包含了植物从蓝色大海到登上荒芜大地并将其变成一片绿色世界的过程。当然，并不是所有的地层都含有植物化石，

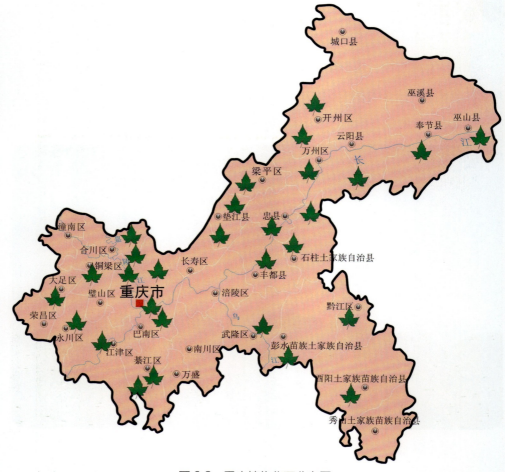

图 0.2　重庆植物化石分布图

能让我们可以一目了然地看到植物的演化历史，但这并不妨碍我们从野外无数层状叠覆的各色岩石中去解读一段巴渝大地植物演变的地球故事。

　　看完图 0.3 和表 0.1，你也许对重庆植物的演化有了些许认识，也许有了些意外和惊奇，也许有了些好奇。

　　需要指出的是，重庆辖区内发现了很多类似植物化石的东西（图 0.4）。因为这些东西的外形有树枝、苔藓和藻类的痕迹，也类似于早期的植物化石，因此常常会被误认为是植物化石。但实际上这是一种树枝状锰氧化物的薄膜，通常在岩层的裂缝面分布，是氧化锰饱和溶液沿岩石裂缝渗透沉淀的结果。此过程中没有任何生物参与作用，没有发生化石作用，所以不能称为化石，古生物学上称之为"假化石"。

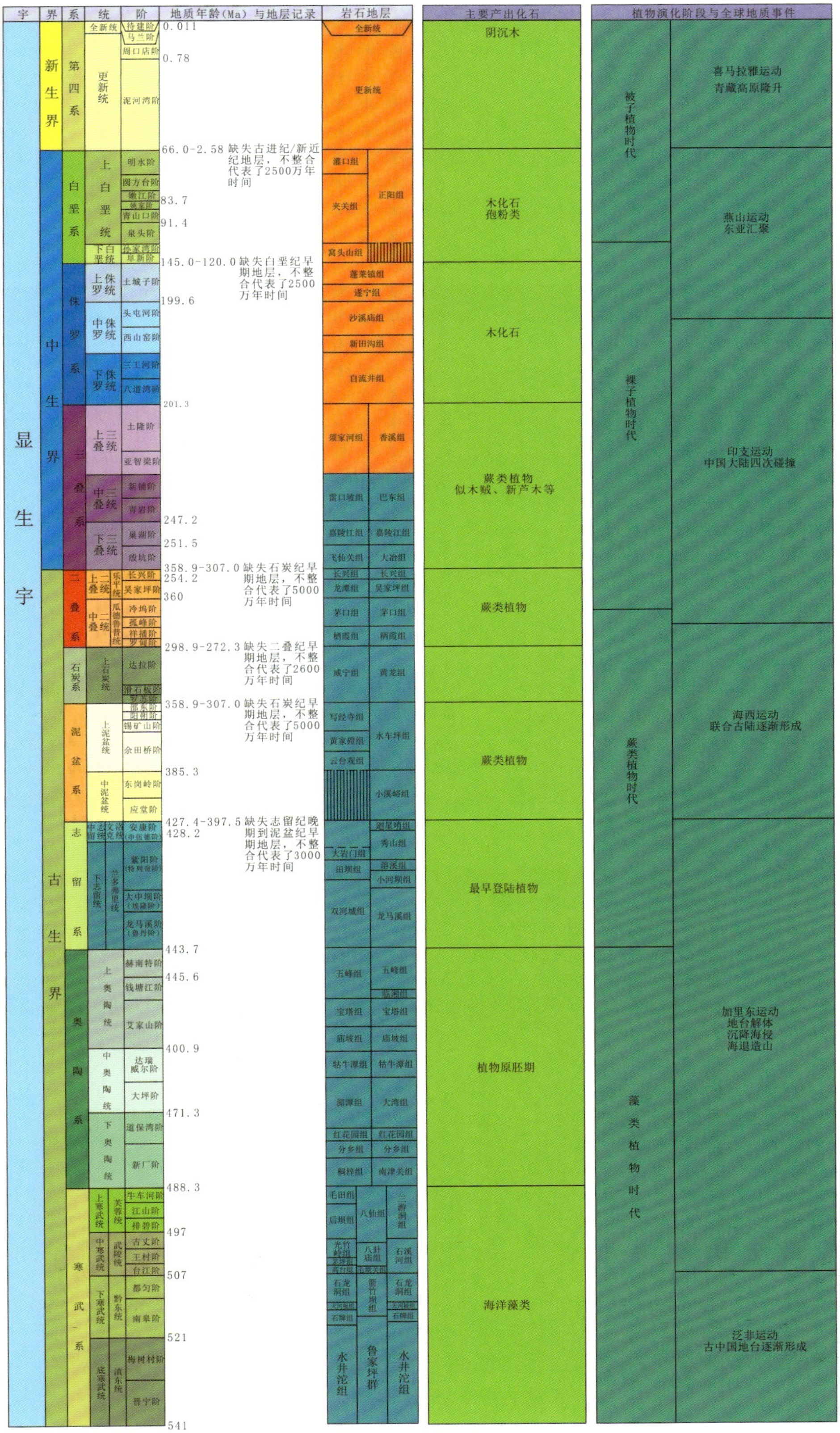

图 0.3　重庆植物演化阶段与地层图

宇	界	系	统	阶	地质年龄(Ma)与地层记录	岩石地层	主要产出化石	植物演化阶段与全球地质事件
显生宇	新生界	第四系	全新统	全新阶/马兰阶	0.011	全新统	阴沉木	被子植物时代 — 喜马拉雅运动 青藏高原隆升
			更新统	周口店阶 / 泥河湾阶	0.78	更新统		
					66.0-2.58 缺失古近纪/新近纪地层，不整合代表了2500万年时间			
	中生界	白垩系	上白垩统	明水阶 / 圆方台阶 / 蟹江组阶 / 青山口阶 / 泉头阶	83.7 / 91.4	灌口组 / 正阳组 / 夹关组 / 窝头山组	木化石 孢粉类	燕山运动 东亚汇聚
			下白垩统	富宫寨阶 / 早期阶	145.0-120.0 缺失白垩纪早期地层，不整合代表了2500万年时间	蓬莱镇组 / 遂宁组 / 沙溪庙组 / 新田沟组 / 自流井组	木化石	
		侏罗系	上侏罗统	土城子阶	199.6			裸子植物时代
			中侏罗统	头屯河阶 / 西山窑阶				
			下侏罗统	三工河阶 / 八道湾阶	201.3			
		三叠系	上三叠统	土隆阶 / 亚智梁阶		须家河组 / 香溪组	蕨类植物 似木贼、新芦木等	印支运动 中国大陆四次碰撞
			中三叠统	新铺阶 / 青岩阶	247.2	雷口坡组 / 巴东组 / 嘉陵江组		
			下三叠统	巢湖阶 / 殷坑阶	251.5	嘉陵江组 / 飞仙关组 / 大冶组		
显生宇	古生界	二叠系	乐平统	长兴阶 / 吴家坪阶	254.2 / 360	长兴组 / 吴家坪组	蕨类植物	蕨类植物时代 — 海西运动 联合古陆逐渐形成
			中二叠统/阳新统	冷坞阶 / 孤峰阶 / 祥播阶 / 罗甸阶	358.9-307.0 缺失石炭纪早期地层，不整合代表了5000万年时间	茅口组 / 栖霞组 / 梁山组		
		石炭系	上石炭统	达拉阶 / 滑石板阶	298.9-272.3 缺失二叠纪早期地层，不整合代表了2600万年时间	威宁组 / 黄龙组		
		泥盆系	上泥盆统	阳新阶 / 锡矿山阶 / 佘田桥阶	358.9-307.0 缺失石炭纪早期地层，不整合代表了5000万年时间	写经寺组 / 黄家磴组 / 云台观组	蕨类植物	
			中泥盆统	东岗岭阶 / 应堂阶	385.3	水车坪组 / 小溪组		
		志留系	中志留统 / 兰多维列统	安康阶(申山阶) / 特列奇阶 / 紫阳阶	427.4-397.5 缺失志留到泥盆纪早期地层，不整合代表了3000万年时间	韩家店组 / 秀山组 / 溶溪组 / 小河坝组 / 龙马溪组	最早登陆植物	
			上志留统 / 罗德洛统	大中坝阶(安康阶) / 龙马溪阶(鲁丹阶)	428.2	大岩门组 / 田坝组 / 双河城组		
		奥陶系	上奥陶统	赫南特阶 / 钱塘江阶 / 艾家山阶	443.7 / 445.6	五峰组 / 临湘组 / 宝塔组 / 庙坡组	植物原胚期	藻类植物时代 — 加里东运动 地台解体 沉降造侵 海退造山
			中奥陶统	达瑞威尔阶 / 大坪阶	400.9 / 471.3	牯牛潭组 / 湄潭组 / 大湾组 / 红花园组 / 分乡组 / 桐梓组		
			下奥陶统	道保湾阶 / 新厂阶	488.3	南津关组		
		寒武系	上寒武统 / 芙蓉统	牛车河阶 / 江山阶 / 排碧阶	497	毛田组 / 后坝组 / 八仙组 / 三游洞组 / 石溪河组	海洋藻类	
			中寒武统 / 武陵统	古丈阶 / 王村阶 / 台江阶	507	头竹寺组 / 平井组 / 石龙洞组 / 石冷水组		
			下寒武统 / 黔东统	都匀阶 / 南皋阶	521	那目组 / 明心寺组 / 石牌组		泛非运动 古中国地台逐渐形成
			底寒武统 / 纪东统	梅树村阶 / 晋宁阶	541	水井沱组 / 鲁家坪群		

识别这些假植物化石，可以先看结构，仔细看这些所谓的树枝，根本没有树木的脉络。此外，还可以看是否见于岩石层面或节理面上并常沿节理面转折，通常化石是不会这样保存的。

表 0.1　重庆地层与植物演化对照表

地质时代	地层名称	植物演化特点
第四纪		被子植物主导
新近纪		活化石
古近纪		活化石
白垩纪	夹关组	被子植物繁盛
侏罗纪中晚期	沙溪庙组，遂宁组，蓬莱镇组	裸子植物繁盛，被子植物出现
三叠纪—侏罗纪早期	须家河组—自流井组珍珠冲段	植物交替，裸子植物崛起
二叠纪	龙潭组	蕨类更替
石炭纪		
泥盆纪	水车坪组、写经寺组、黄家磴组与云台观组	蕨类崛起，最早森林
志留纪		植物登陆
奥陶纪		植物原胚期
寒武纪		海洋藻类

图 0.4　"假化石"

在谈巴渝大地植物演化之前，我们有必要根据全球植物演化的背景先来说一说植物登陆之前的故事。目前，地球上大约有 50 万种植物，它们在形态结构、营养方式和生活历史等方面千差万别。但从地球时间尺度的系统演化角度看，所有植物都是由早期简单原始的生物经过几十亿年的发展演化而逐步产生的，对这一漫长的演化历史，科学家可以采用"将今论古"的原则，也就是通过植物化石的分析结果与现存种类的个体发育及不同类型的形态结构、生理生化、地理分布等方面进行比较、系统分析、概括，推测现存的和历史上曾经出现过的各类群植物间的系统演化关系，了解自然界植物种系发生过程及其演化规律。

你也许不知道，植物演化的历史可以追溯到几十亿年前，植物并不是一开始就生存在陆地之上的。在植物登陆之前，全球植物演化处在菌藻植物的时代，这些低等的菌藻类是地球上最早出现的植物。大约从太古代晚期乃至整个元古代至早古生代志留纪，是菌藻等低等植物发展和繁盛时期。这一时期时间长达 28 亿年左右，几乎占了生物界全部历史的 7/8，说明植物界从低等发展到高等、从水生到陆生，经历了何等漫长而悠久的岁月！

大约在 35 亿年以前，地球孕育出了古老的植物——蓝藻（也称为蓝细菌），它们既渺小，又伟大。蓝藻像所有植物一样，细胞内有叶绿素，能利用水、二氧化碳和阳光进行光合作用，制造养分，并排出"废气"——氧气。经过亿万年的"努力"，数不清的蓝藻使大气中的氧越来越多。在太阳的照射下，地球的上空形成了臭氧层，它像给地球打了一把保护伞，使地球变得更适宜万物的生存。无怪乎人们说，蓝藻的出现是生命发展史上最伟大的事件之一。蓝藻在大海的摇篮里生长，并从它开始逐渐由低级向高级演化。值得一提的是，如果你想看蓝藻的贡献，可以去重庆酉阳欣赏国内面积最大且美丽壮观的寒武纪叠层石，那就是蓝藻这种低等微生物的生命活动所引起的周期性矿物沉淀、沉积物的捕获和胶结作用而形成的（图 0.5）。

5.3 亿年前发生了寒武纪生命大爆发，出现了大量的海洋生物，海洋一下子繁荣了起来，但都是动物的天下，植物仅仅为一些海洋藻类（图 0.6）。

图 0.5　蓝藻形成的叠层石

图 0.6　寒武纪海底景观示意图

　　5.2亿年前，植物开始进军陆地，主要的化石证据是来自一种比较细小的微体化石。这个时候出现了一些可以在陆地上生存的两栖植物，我们称之为"似苔藓植物"，顾名思义就是类似苔藓的植物（图0.7）。当然这些还存在争议，有一些人认为最早登陆的是裸蕨类，如库克森蕨。但不管怎么说，有了植物登陆先驱。当然这些植物还不能站立起来，但这些植物在陆地上不呆则已，一呆就是一亿年。在这段漫长的时光里，这些不起眼的低矮植物先驱们凭借其特有的牺牲精神，改变了陆地上恶劣的生存环境，使充满坚硬岩石的大地开始逐渐变得松软和肥沃。

图 0.7　似苔藓植物

（来源：中国收藏热线网站）

　　这里很有必要对这种植物登陆先驱做一介绍。大家都知道，苔藓植物是非常矮小的，这种类似苔藓的植物也是小个子。科学家研究推断这种植物只有缝衣服的针那么大，推断的证据则是一种非常微小的化石，只能用显微镜来观察，被称为"隐孢子"（图 0.8）。这种孢子保存在岩石当中，非常微小，我们肉眼根本无法看到。如果想看到其真面貌，就需要把这种岩石采集回到室内，经过酸泡等化学处理将其提取出来，在显微镜下观察，这个时候就能看到这种植物化石不到在 0.2 mm，但正是这种微小的孢子代表了早期陆地上的植物。后文中我们还会提到这一点。

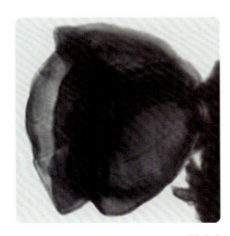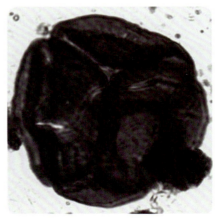

图 0.8　隐孢子

到了 4 亿多年前的奥陶纪时期又发生了奥陶纪大辐射，动物进一步在海洋中繁荣，同时也进入了植物的原胚期（图 0.9）。古生物学家陆续在世界范围内多个地方的奥陶纪地层中发现了隐孢子，或者像苔藓一样的植物，这些被认为是早期的陆生植物。

图 0.9　奥陶纪海底景观示意图

（来源：Wikimedia Commons，the free media repository）

早期植物化石的确非常类似于我们今天看到的苔藓，一般科学界称之为"顶囊蕨类"。在 4.4 亿年前的奥陶纪晚期，这类植物的范围非常广，从赤道到寒冷的地区均有分布。我国的这类植物是发现在新疆，在那个时期新疆并不在今天的位置，而是位于赤道附近，环境和今天大为不同，十分炎热。很多人知道苔藓植物是两栖性的，也就是说它的生活并不能完全离开水体，是一种又可以水生又可以陆生的植物。由此不难推断，早期类似的苔藓植物也应该是两栖类植物，并没有完全脱离水体生存。但地球的演化似乎像一只无形的手在推动着植物脱离海洋走向陆地，这一天的到来似乎只是个时间问题。

同样也是在距今大约 4.4 亿年前，地球进入到一次漫长的冰期，在南极地区形成了一个巨大的冰盖（图 0.10），这个冰盖影响的范围非常之广，因为这个冰盖凝结了海量的水体，造成了全球海平面的下降，海洋面积显著减少，影响了全球很多地区，我国的华南地区也未能幸免。海洋的减少造成的结果是海洋中的生物必须要朝着新的领域发展，以争取生存空间，也就是说需要向陆地进军。因此，海洋中的藻类也不得不脱离水体，开始适应陆地生活。当然，这个过程并非一帆风顺，而是经历了很多反复波折。当时冰期结束之后，冰川逐渐消融，海平面开始上升，陆地面积减少，但地质运动造成了地壳的不断升降，所以地球上存在海陆面积相互消长的局面。这样的背景环境有利的一面是水生植物可以逐步地适应陆地的环境，摆脱对水体的依赖，陆地上的植物呼之欲出。

图 0.10　南极冰盖
（来源：中国天气网）

植物的这段久远悠长的历史可以从保存在不同地质时期的化石得到强有力的印证。重庆的山中就有多个时期的含化石地层，它们保存了多种多样的植物化石，如同岩石中的文字一样记述了重庆的远古历史。重庆辖区内有寒武纪和奥陶纪的地层，这些都是大面积的灰岩地层。寒武纪的地层中有前文提到的酉阳叠层石，奥陶纪地层中则形成了壮观的万盛石林（图 0.11）。虽然这些灰岩里面不可能发现植物化石，但却也是植物演变时期的见证。直到志留纪，植物开始了伟大的登陆历程，这次植物不再是简单的进军，而是开启了征服陆地的进程。重庆辖区内也保存有相当厚度的志留纪地层，可以见证植物征服陆地的历史。

图 0.11　万盛石林

接下来跟着我们的步伐，让我们为你展示一段巴渝大地的植物演化历史，探秘神奇的巴渝远古森林。今天这个星球陆地上的所有森林、所有植物的演化都是从植物登陆而来，所以我们的探秘故事要从遥远的植物登陆开始说起。

附录名词

植物原胚期：也称始胚植物期，指的是约 4.76 亿年前奥陶纪中期到约 4.32 亿年前志留纪早期的一段地质历史时期，是根据微体植物化石研究确立的。在这段时期地层中发现了隐孢子。

裸蕨类：是属于蕨类植物门的一类植物，又称松叶蕨亚门，广布于热带和亚热带地区。孢子体不具根，茎分地下和地上两部分，地下部分又名根状茎，匍匐状，褐色，起固定植物体的作用。

叠层石：由于蓝藻等低微生物的生命活动引起的周期性矿物沉淀和沉积物的胶结，从而形成的叠层状的生物沉积结构。在重庆酉阳县辖区内出露有大面积的寒武纪叠层石。

寒武纪生命大爆发：指的是在距今约 5.3 亿年前一个被称为寒武纪的地质历史时期，地球上在 2000 多万年时间内突然涌现出各种各样的动物，它们不约而同地迅速起源。节肢、腕足、蠕形、海绵、脊索动物等一系列与现代动物形态基本相同的动物在地球上来了个"集体亮相"，形成了多种门类动物同时存在的繁荣景象。

奥陶纪大辐射：指的是从奥陶纪初一直延续到奥陶纪晚期的一次海洋生物多样性的大辐射事件。这次事件确立了古生代演化动物群的基本结构框架，在海洋生命系统中形成了一个复杂但较为稳定的食物网，使得在奥陶纪之后到二叠纪末近 3 亿年的时间里，生物多样性和群落结构保持基本稳定。在这一食物网中，大量滤食生物的涌现和共生关系的强化是两个最主要的特征。所以，奥陶纪是无脊椎动物的时代。

1.志留纪：伟大的登陆

登陆非我意，

但愿陆上行。

挺身直立起，

染绿一星辰。

巴渝大地从生命演化开始，一直是片大海。到了4亿多年前，由于地球构造运动，地壳抬升，很多地方逐渐成为陆地（图1.1）。很多海洋中的植物被迫离开从来都没离开过的水体，登上陆地生活，这就是植物登陆。当然，巴渝大地与世界其他地方一样，都还没有发现最早登陆植物的直接化石证据，这个还有待于我们去仔细寻找。不过，这并不妨碍我们换一种思路，从地球环境变迁的角度来看待植物征服陆地的过程。下面我们就详细地说一说植物征服陆地的故事，看看巴渝大地是如何从无到有，变成一片茂密森林的。

图1.1 志留纪海陆格局

森林是由树木组成的，树木是植物，要有森林就必须有植物。大家都知道生命是起源于海洋，植物最早也是产生在海洋当中，要在陆地上生存必须要登上陆地，那么植物究竟是怎样登上陆地的呢？这就是我们要详细说的生命演化史上最伟大的事件之一——植物登陆。

植物登陆是发生在什么时候？是什么植物最早登上了陆地？是什么原因才让植物登上了陆地？为什么植物登陆能成功？

正如前面我们说过的，回答这些问题需要把时间一直追溯到地球发展的遥远历史上。随着生物演化的不断进行，加上地球环境的不断变化，生物终于在某一时期开始被迫登上了陆地。而在登陆上，植物总是扮演先行者的角色，原因是很明显的：没有植物改造环境，动物就无法生存。

大约 4.3 亿年前，已知最早的陆生维管植物出现在了地球上，这种植物外形非常类似于藻类植物。经过科学研究发现，这种植物是一种从藻类到陆生植物中间的类型，已经具备了在陆地上生存的能力。这就是植物登陆的先驱，正是它们揭开了植物乃至生物演化伟大的新篇章（图 1.2）。没有它们登陆，就不会有后来生物演化的宏大历史，就不会有今天的人类。至今，植物登陆一直是地球生物演化历史中最重要的事件之一，遗憾的是这种先驱并没有延续下去，它们很快被后来一些形态简单的植物所取代，消失得无影无踪。

图 1.2　志留纪植物登陆场景

接过植物登陆先驱"接力棒"的不是一种植物，而是多种。因为当时南半球和北半球的气候不同，造成了植物的南半球和北半球分区。北半球有结构简单的顶囊蕨植物。顶囊蕨植物就是一个枝条，它简单地分叉几次，然后顶上就剩一个圆球——孢子囊，没有叶子，枝条的表面有气孔。南半球的植物则有很小的叶子，呈螺旋状排列。除此之外，赤道附近也有一些特殊的植物，这些植物可以多次分叉，顶上也有一个孢子囊。这种看似简单的植物类型却是我们现代植物最原始类型的代表，也就是说，正是通过这种类型植物的发育才形成了我们今天的植被。当然在这些植物里面，种类也是非常多的，具有的代表性是一种很有意思的植物，它的上面顶着一个圆球状孢子囊，囊下面是一个分叉的茎秆。这个孢子囊上面长了很多刺，就像仙人球一样，茎秆上也有很多刺。由此可见，植物带刺早在几亿年前就出现了，有着悠久的历史。但这种刺有什么作用呢？我们都知道，今天植物身上刺增加了植物的表面面积（图1.3），可以增强光合作用形成自己的能量。同时，刺让植物有了自我保护能力，可以让想吃它的动物望而却步。按照地质学上"将今论古"的原则我们可以推断，这些远古植物的刺也具有这样的功能。至于是什么动物要吃它？这个按照生物演化推断只能是最早期的昆虫，这应该就是协同演化。当然，这一切还需要深入的科学研究才能弄清楚。

图1.3　带刺植物

说了这么多，大家也许还会追问：究竟最早登陆的是哪种植物？关于这个问题科学家曾经不懈努力，提出过多个答案。中国的科学家曾经在《自然》杂志上报道过一种出土于贵州省凤冈县的古老植物——黔羽枝（图 1.4）。当时黔羽枝被认为是地球上最早的陆生植物化石，其年代测定为 4 亿多年以前，属于早期维管植物，是植物进化史上从海生藻类到陆生蕨类之间的关键环节。但后来经过研究发现，黔羽枝并不是志留纪植物，也非最早的维管植物，而是二叠纪植物根系插入到志留纪地层中并被保存下来的结果。因此，我国与最早维管植物登陆地遗憾错过。另外一种是发现于英国威尔士志留纪和泥盆纪最下部地层的库克逊蕨（图 1.5），时间最距今约 4.2 亿年。外国学者报道了其上生有的孢子囊和气孔，证明它很可能是一种陆生的维管植物，但一直未在其身上发现维管组织，因此库克蕨类的地位也一直悬而未决。虽然最终答案一直没有揭晓，但科学家依旧在不懈的努力当中，找到第一种登陆植物应该只是时间问题。贵州北部依然是发现最早登陆植物的潜在地区，而与这里紧邻且地层相似的重庆南部地区和东南部地区也不排除发现植物登陆先驱的可能性。无论怎样，巴渝大地都可以作为植物登陆的见证。

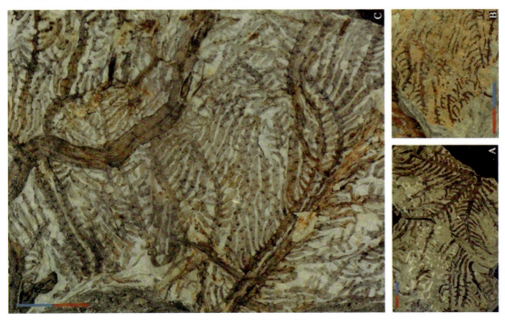

图 1.4　黔羽枝化石

（来源：Wang Yi 等，2013）

图 1.5　库克逊蕨（Cooksonia）

（来源：Wikimedia Commons，the free media repository）

　　到这里我们回答最后一个问题：植物登陆为什么会获得成功？答案其实很简单，因为植物具备了几项功能。当然，植物是如何有了这些功能还不清楚，但有了这些功能植物就能完成生物第一次征服陆地的历程。

　　第 1 种功能就是直立。这也是显而易见的，不直立起来就不会有今天的树木与森林。今天我们都随处看得到，植物小到小草、大到参天大树，无一例外的都是从地面向上生长的，这样人们肯定就会发出疑问，植物向上生长是如何把水分与营养及时输送到位的呢？是什么机制解决了这一问题？科学家研究发现答案就是——维管组织（图 1.6）。这种组织就像植物的血管或者说交通组织一样，为植物提供生长所需要的东西。这种维管组织怎么出现的，还是一个谜。但植物有了维管组织是植物演化开天辟地的一件大事，正是有了这个组织，植物面貌才焕然一新，才逐渐成为陆地的主人。当然，起初维管组织的运输能力还比较弱，但可以维持植物的生长，支撑住高大的植物体。而随着地质时光流逝，维管组织的能力不断增强，植物也随之发育得越来越高大，一直到今天。所以，我们可以想象，没有维管组织植物也许就一直无法站立起来，就不会有一切后续的故事了。

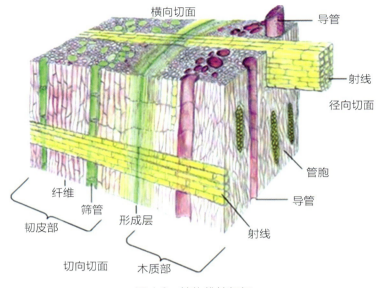

图 1.6　植物维管组织

　　第 2 种功能就是我们熟悉的光合作用。大家都知道，光合作用吸入的二氧化碳与释放的氧气都是要通过植物叶片表面的气孔，这些气孔通过打开与闭合来调节植物的呼吸。气孔是存在于叶片表面上一层薄薄的膜上，这些膜就是起到防止和调节水分蒸腾的作用。今天的陆地植物也是如此，我们由此可以推断今天植物的祖先——刚登上陆地的远古植物也必定有这种结构，否则这些植物就无法生存。所以，远古植物一旦拥有了这种结构和功能，它们可以通过气孔不断地把二氧化碳吸入身体内部，释放出氧气，从而不断改变大气成分。而叶片上的膜防止了水分的蒸腾，为植物生长保留了充足的水分；体内的叶绿素进行光合作用，为植物的自身发育提供了充足的能量。这样直面当空烈日，植物依旧可以挺直了身躯顽强地生存下去，才有我们今天的习习凉风与畅快呼吸。

　　第 3 种功能就是繁衍后代。这是生物可以不断延续的基本要求，登上陆地的植物也必须具备这种能力，否则只能是昙花一现。陆地上繁殖与海洋当中必然是不一样的，植物必须有新的繁殖能力。这究竟是一种什么能力？今天绝大多数的植物是通过孢子和种子来繁衍的，但这并不能应用到远古植物上，因为经历了亿万年的演化，今天已经是被子植物的天下，而远古植物面临的却是史无前例的困难。科学家

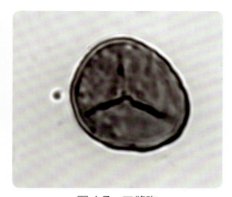

图 1.7　三缝孢

研究发现远古植物有其特殊的解决繁殖问题之道，那就是依靠一种叫三缝孢（图 1.7）的东西来繁殖。三缝孢是具有三分叉射线的孢子，保存在孢子囊里面。这些孢子囊有时候长在植物顶端，有时候相互聚合在一起形成孢子囊穗，而这种孢子可以直接发育成为一个新的个体。在当时的环境下，这是一种很有效的繁殖方式。

有了上述几项功能和适合的环境，植物开始在陆地上迅速发展起来。荒凉的大地从此披上了绿色衣装，而植物有了维管组织以后则不断地走向高大、走向多样，从而步入了新的发展阶段。可见，巴渝大地在 4 亿多年前应该就开始有了绿色，荒芜的大地开始变得生机勃勃。

在距今大约 4 亿年的泥盆纪时期，植物进入一个大发展的阶段，这个阶段也是植物最终完成登陆的一个阶段。在这个阶段，植物的类型变得更多了，植物的生存也完全脱离了水体，占领地球的不同生态域，并且最后在地球上形成了最早的森林。这片最早的森林就是我们下面要说的泥盆纪森林，是不同寻常的森林。

附录名词

维管植物：指具有维管组织的植物。现代的维管植物有 25 万～30 万种，包括占统治地位的被子植物，还有裸子植物以及极少部分苔藓植物、蕨类植物（松叶兰类、石松类、木贼类、真蕨类）。

协同演化：两个或多个无亲缘关系的物种共同生活，在各自演化的过程中相互影响，包括它们的演化方向、速率等。

库克逊蕨：可能为最原始的陆生维管植物，外形简单，仅有几厘米高。最早发现于英国威尔士志留纪和泥盆纪最下部的地层，后在爱尔兰、捷克、利比亚和玻利维亚同期地层中也有发现。

维管组织：是指由木质部和韧皮部组成的输导水分和营养物质，并有一定支持功能的植物组织。其对植物适应陆生环境有帮助。

三缝孢：具有三分叉射线的孢子。

黔羽枝：发现于贵州省凤冈县志留纪的植物化石，距今 4 亿多年以前。曾经被认为是迄今为止地球上最早的陆生植物化石，属早期维管植物，是植物进化史上从海生藻类到陆生蕨类之间的关键环节，而后被证明属二叠纪植物。

孢子囊：是植物或真菌制造并容纳孢子的组织，可以出现在被子植物、裸子植物、蕨类植物、苔藓植物、藻类和真菌等生物当中。

2. 泥盆纪：最早的森林

万鱼群聚海，

千林立山川。

海天蓝无限，

我木绿远遥。

在重庆西南部的武陵山区中，出露着巨厚的"地层万卷书"，其中有几层很薄很不起眼的岩层，厚度大约只有几米，岩性是白色的石英砂岩（图2.1）。这个岩层同广西典型的"象州型"与"南丹型"泥盆纪沉积（图2.2）相比，同湖南张家界的壮观石林相比，同我国南方诸多省份中保存的层序清晰、化石丰富、厚度巨大的泥盆系相比简直不值一提，很容易被人们忽略。但在重庆，它们的意义可不小，因为它们是巴渝大地中唯一的泥盆纪地层。这些用专业术语来说就是写经寺组、黄家磴组与云台观组。它们反映的都是晚泥盆世时代，通俗地说就是泥盆纪晚期，距今约3.8亿年前的地质情况。在这些白色石英砂岩当中（图2.3），人们已经发现了很多植物的化石碎片。如果看过很多完整且数量巨大的植物化石，你也许不会拿这些碎片当回事，但你要知道它们的身世可不简单，它们是泥盆纪遍布全球植物世界的冰山一角，同样也见证了地球上最早森林的诞生与扩展。

图2.1　重庆泥盆纪地层剖面

图 2.2　广西巨厚的泥盆纪地层　　　　　　图 2.3　泥盆纪白色石英砂岩

你肯定会问：泥盆纪的植物和森林到底是怎么一回事？这就是我们接下来要说的内容，我们将带你走入一个宏大的泥盆纪森林世界。看过之后，你再审视这些植物碎片，肯定就会有一种不一样的感觉。

泥盆纪是一段距今 4.2 亿—3.6 亿年前，持续 6 000 万年时间的地质历史时期。在泥盆纪时期，全球陆地还基本上由冈瓦纳和劳伦西亚两大陆块主宰（图 2.4）。位于冈瓦纳大陆最北端的华北陆块还基本处于北纬 30°的位置，而重庆所在的华南陆块开始向北半球漂移并向华北陆块靠近。整个泥盆纪基本上是温暖的时期，甚至泥盆纪时代的北极都处于温带气候。但是，在泥盆纪快结束的距今 3.65 亿年前，全球再次出现了大冰期，并引起海退，泥盆纪晚期的动植物也再次遭到重创。

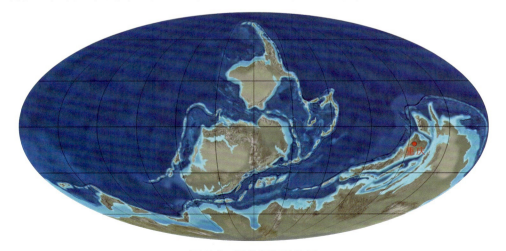

图 2.4　泥盆纪海陆格局

说起泥盆纪，很多人也许立刻会说泥盆纪是鱼类的时代，去过博物馆或者看过纪录片的人会想到泥盆纪盔甲战士——水中霸主邓氏鱼（图2.5）；也有很多了解生物演化和古生物化石的人会说泥盆纪是鱼类的时代，也是鱼类登陆的时代。大家比较熟悉泥盆纪的动物，但对泥盆纪时期植物的变化可能大多数人就比较陌生了。我们上面说过，到了泥盆纪植物进入了新的演化阶段，所以实际上这个时候的植物演化同样非常重要、非常奇特，精彩程度一点不亚于前文所说的那些。而且我们要说的是，没有泥盆纪森林的繁盛，鱼类也无法登陆，即便登陆了也无法生存下去。接下来我们就说一说泥盆纪植物的情况。

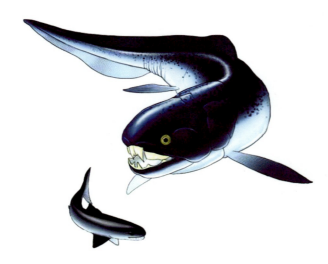

图2.5　泥盆纪海洋霸主——邓氏鱼捕鱼

泥盆纪是早期陆地植物演化发展的重要时期。在这个时期，植物从形态简单的、没有根、茎、叶分化的植物体，逐渐演化成为各种各样的、组织分化完全和器官结构完善的草本植物和早期木本植物。它们与早期陆地动物一起，构成了各式各样的生态环境。

泥盆纪早期裸蕨类依然繁盛，但到了泥盆纪晚期这些植物却趋于灭绝。在泥盆纪新出现的石松类植物却在泥盆纪晚期繁盛起来，在泥盆纪晚期原始的楔叶植物和原始的真蕨植物开始出现，并开始发展。植物开始向陆地的腹地进发，尤其是石松类（图2.6）、楔叶类和真蕨类植物的发展使地球的广大陆地第一次披上了绿装，最高大的蕨类植物甚至可高达12米。到泥盆纪晚期，出现了原始的裸子植物（图2.7）。

图2.6 石松植物化石

（来源：Wikimedia Commons，the free media repository）

图2.7 原始裸子植物

（来源：Wikimedia Commons，the free media repository）

在泥盆纪的早期和中期，出现了根、茎、叶分化明显的原始松类。在泥盆纪的晚期，裸蕨类植物绝灭，取而代之的是乔木状植物，它们占据优势的意义重大：地球上第一次出现了成规模的森林。森林中从数毫米高、纤细的草本植物，到高可达30米的乔木；从半水生的早期蕨类植物，到具有复杂庞大气生根和高大树冠的大型蕨类；从依靠孢子生殖的细小蕨类，到用种子繁殖的早期裸子植物……泥盆纪的森林植物多种多样，其丰富度和多样性程度都是相当高的。值得一提的是，尽管泥盆纪的植物数量大、种类多，但植物面貌特征却和今天的植物差别极大，看惯了现代植物的我们甚至会觉得泥盆纪的植物都如同怪物一样。然而，地球历史上的第一片大森林就是由许许多多这种高大的"怪物"组成的。

另外一件革命性的事件就是原始裸子植物登上了地球舞台，这表明植物的演化出现了重大飞跃，它们适应陆地环境的能力大为增强，植物终于主宰了陆地。

泥盆纪不仅是鱼类繁盛的时代，也是维管植物大发展的时期。受志留纪末期全球规模的一次运动——著名的加里东运动的影响，泥盆纪时许多地壳露出海面，陆地面积进一步增大，陆生植物获得大发展。到了中泥盆纪，地球上首次出现了森林，巴渝大地也应该在那个时候有了最早的森林，但森林的成员却不是我们常见的现代植物。

化石记录表明，泥盆纪植物的数量众多、类型丰富，除了被子植物外，其他植物类群都出现了，只不过裸子植物还只是矮小、不起眼的配角。泥盆纪森林的主角是依靠孢子进行繁殖的蕨类植物，主要有石松植物、前裸子植物类和早期真蕨类植物三大家族，既有低矮纤细的草本植物，也有高大粗壮的大型树蕨。

正是这些蕨类植物让地球的含氧量水平有了极大的提升。地球演化从出现氧气之后，由于陆地上没有大规模的植物，从5.5亿年前到4亿年前大气含氧量一直没有太大的变化。而泥盆纪的植物森林则改写了这一历史，这个时期陆生维管植物的演化和繁盛导致大气含氧量急剧上升，地球上的氧气史无前例地开始变得丰富起来，非常适合呼吸氧气的动物繁衍。因此，在这种背景下鱼类开始变得日益巨大，同时数量大大增多，捕食能力也不断增强，真正实现了"海阔凭鱼跃"。但海洋再大也是有限的，在这种生存空间内不断增多的鱼类开始发生激烈的竞争，这让很多鱼类不堪忍受巨大的生存压力，它们另辟蹊径，开始了和植物登陆一样伟大的征程（图2.8）。正是鱼类的登陆，开启了生物演化的新篇章，才有了后面壮观的脊椎动物演化故事，才有了我们人类。

动物要想离开水域在陆地上生活，是一件非常不容易的事情。有三件事是想要冒险开拓新领域的动物所必须面对的，这就是呼吸问题、行走问题和繁殖问题，其中最重要的就是呼吸问题。因为如果不能在陆地上呼吸，动物根本无法生存下去，后面的一切也就成了空

图2.8　鱼类登陆场景

谈。我们都知道鱼类在水里是用鳃呼吸的，但要在陆地上生活，它们必须改变呼吸方式，要用肺来呼吸足够氧气以满足身体需求。我们从地球氧气含量曲线变化图（图2.9）中可以很明显地看出，当时泥盆纪的茂密的森林让地球上的氧气含量大大增加，这为动物们提供了足够的氧气。正是在这种天然氧吧中动物进化出了肺，解决了呼

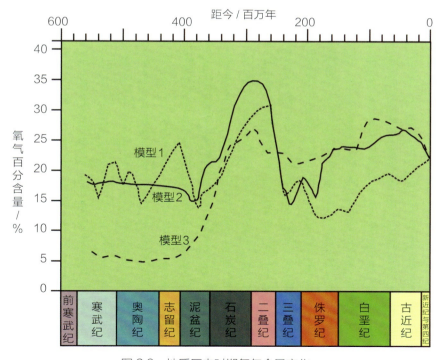

图2.9　地质历史时期氧气含量变化

吸问题。这让它们成功地在陆地这个陌生的生态领地站稳了脚跟，彻底成为陆地居民，这在后来亿万年的演化中一直如此持续到今天。因此，毫不夸张地说，蕨类植物不但是提高泥盆纪地球氧含量的"大功臣"，也在生物演化中居功至伟。

图 2.10　可以类比泥盆纪昆虫的石蛃
（来源：果壳网）

泥盆纪的森林是绿色的海洋，这是了不起的局面，与今天的森林没有区别。但有一点你想不到的是，泥盆纪的蕨类森林是一片寂静之林。如果你踏入泥盆纪的森林，你会感觉到无比的宁静，只有轻微吹动树叶的声音，因为那个时候森林里只有刚刚登陆不久的两栖类动物和崭露头角的昆虫类。我们今天可以从石蛃（图 2.10）这种昆虫想象一下泥盆纪昆虫的样子。曾经称霸地球的恐龙、其他爬行动物以及今天的各种哺乳动物、鸟类都还没有出现。因此，如果当时你可以在泥盆纪森林里行走，虽然会感觉寂静无聊、神秘莫测，但也不会暗藏杀机（图 2.11）。

图 2.11　泥盆纪森林场景

看完了泥盆纪森林演化的精彩故事，你一定从那些不起眼的植物碎片身上想象出一个几亿年前巴渝大地一片郁郁葱葱的景象。虽然这个时间持续得并不长，但却是巴渝大地远古森林的真正鼻祖，正是这片短暂而伟大的森林让巴渝大地首次披上了绿色的衣裳。由此你可以想象出巴渝大地山中那层薄薄的地层中凝聚的那段宏大的历史，那片一眼望不到边的绿色森林。

蕨类植物从志留纪、泥盆纪到全盛的晚石炭世，历时 8 000 万年到 1 亿年。从全球范围来看，石炭纪时期陆地面积扩大，是植物世界大繁盛的代表时期。石炭纪早期的植物面貌与泥盆纪的植物相似，蕨类植物延续生长，但只能适应于滨海低地的环境。到了晚期，植物进一步发展，除了节蕨类和石松类继续存在外，真蕨类和种子蕨类也开始迅速发展，同时出现了一种高大的裸子植物——科达树，成为造煤的重要材料之一（图 2.12）。石炭纪正如其名，的确是造煤的重要时期，全球很多地方生长着茂盛的森林，这些森林不断地把二氧化碳转化为氧气。同样从地球氧气含量变化图中可以看出，这些森林让地球当时的含氧量达到了史上最高值——35%，远高于今天的 21%。这样的高含氧量也导致产生了巨大无比的昆虫。当时的蜻蜓展开翅膀可达 45 厘米（图 2.13），而今天最大的蜻蜓展开翅膀也只有 19.1 厘米，跟石炭纪蜻蜓比起来就是侏儒。

图 2.12　石炭纪森林场景

图 2.13　石炭纪蜻蜓与今天蜻蜓对比

　　遗憾的是，随着地质运动不断进行，巴渝大地又开始遭受了强烈剥蚀作用，大量的地层缺失，因此之后的几千万年时间里没有保存下任何地层。而后到了石炭纪，巴渝大地重新被蓝色的大海占据，在重庆辖区内沉积了一个称为"黄龙组"的地层，里面可以发现很多海洋动物化石，但没有看到植物化石的影子。这种状况一直持续到二叠纪的晚期，在这个时候绿色才开始再次出现在重庆，给巴渝大地再一次披上了绿色盛装。

附录名词

　　象州型：是指中国南方海相泥盆系的一种近岸、富氧环境下的浅海沉积类型，典型出露地点有广西中部象州、二塘及横县六景、郁江沿岸的中泥盆统和湖南中部地区。象州型以泥岩、泥灰岩、灰岩、白云岩及砂质泥岩为主，并夹砂岩。化石丰富，产有层孔虫、珊瑚、腕足动物、苔藓虫及海百合等，并伴生双壳类、鹦鹉螺、腹足类、介形虫、竹节石等。

　　南丹型：是指中国南方海相泥盆系的一种远岸、缺氧、水体平静的海盆地沉积类型，以广西南丹、罗富泥盆纪地层为代表。以黑色、深灰色泥岩、黏土岩及黑灰色硅质黏土岩、泥岩和泥质条带状灰岩为其特点，代表较深水滞留缺氧的沉积。化石主要有漂浮和游泳的笔石、竹节石、菊石，并伴有三叶虫、介形虫及少数腕足类等。

写经寺组：为泥盆纪晚期的地层，上部为黄灰、灰绿、灰黑色碳质页岩、页岩、粉砂岩夹砂岩，下部以灰、深灰色泥灰岩、灰岩及白云岩为主。含腕足类和植物化石。

黄家磴组：为泥盆纪晚期下部地层，岩性组合为细砂岩、粉砂岩夹泥灰岩，厚6～70米，滨浅海相碎屑沉积。

云台观组：泥盆纪晚期的地层，为一套灰白色中至厚层或块状石英岩状细粒石英砂岩，夹少许灰绿色泥质砂岩，产植物化石。

冈瓦纳大陆：又称"南方大陆"或"冈瓦纳古陆"，是一个根据"大陆漂移说"推测存在于南半球的古大陆，因印度中部的冈瓦纳地方而得名。包括今南美洲、非洲、澳大利亚、南极洲以及印度半岛和阿拉伯半岛，研究表明还包括中南欧和中国的喜马拉雅山等地区。

邓氏鱼：是一种存活于4.3亿至3.6亿年前泥盆纪时期的鱼类，属于盾皮鱼类。身体长约11米，体重可达6吨，咬合力可达5吨，被视为泥盆纪水中霸主，顶级掠食动物。以有硬壳保护的鱼类及无脊椎动物为食。

泥盆纪：是地质时代古生代中的第四个纪，开始于同位素年龄416 ± 2.8Ma，结束于359.2 ± 2.5Ma。从泥盆纪开始，地球发生了海西运动，许多地区升起露出海面成为陆地。泥盆纪海洋中鱼类繁盛，被称为鱼类时代，此外陆地上蕨类植物繁盛，昆虫和两栖类兴起。泥盆纪末期发生第二次生物大灭绝事件，在此次物种大灭绝中，75%的物种灭绝，是灭绝物种第二多的物种大灭绝。

石松类：为晚古生代最繁盛的植物，在石炭纪时最为兴盛，分布相当广泛，常形成高大树林。从二叠纪起，石松类植物急剧衰退，到中生代时则更少，残存者仅为少数矮小的草本植物种属。

楔叶类：古老的原始维管植物，又称节蕨植物、有节植物。最早出现于早泥盆世，到石炭二叠纪最为繁盛。楔叶类在北半球热带的沼泽地区形成森林，到中生代本类植物逐渐衰退，侏罗纪以后只有木贼一属直至现代。

真蕨类：最早出现于泥盆纪，石炭纪和二叠纪时期开始繁盛，到中生代时达到最繁盛，仅次于裸子植物，为当时最繁盛的类群之一。多生于湿润而温暖的环境中，少数生于干旱的山坡或石缝中。

裸子植物：为植物界的一大类植物，也称种子植物。英文 gymnosperm 源自希腊语"gumnospermos"，意指"裸露的种子"，因为裸子植物的种子从胚珠开始，就一直裸露在外头。最初的裸子植物出现于 3.95 亿年至 3.45 亿年前的泥盆纪时期，经历石炭纪、二叠纪、中生代至新生代第四纪。从裸子植物出现到今天，地史气候经过多次重大变化，其类群也随之多次演替，并沿着不同的进化路线发展。裸子植物广布于南北半球，尤以北半球更为广泛，从低海拔至高海拔、从低纬度至高纬度几乎都有分布。

鱼类登陆：是指约 4 亿年前的泥盆纪时期鱼类从水中登上陆地的生物演化事件。在登陆过程中，鱼类为适应陆上生活，在身体结构上发生了许多重要变化，为了能在陆地上长时间活动，鱼类逐步进化出了四肢、肺以及各种感觉器官。目前认为最早登陆的动物是鱼石螈，它身长约 1 米，兼有鱼类和两栖类的特性。

石炭纪：古生代的第 5 个纪，为 3.55 亿年至 2.95 亿年前的一段地质历史时期，延续了 6500 万年，可以区分为密西西比纪与宾夕法尼亚纪两个时期。石炭纪时陆地面积不断增加，陆生生物空前发展。当时气候温暖、湿润，沼泽遍布，大陆上出现了大规模的森林，给煤的形成创造了有利条件；氧气含量极大升高，出现了多种巨型昆虫。

科达树：为一种高大的乔木，可高达数十米，繁盛于古生代的石炭纪和二叠纪，是造煤的重要树木之一。

黄龙组：也称"黄龙石灰岩"，为石炭纪中期地层，最初命名地点在江苏镇江石马庙，因本组石灰岩构成了龙潭镇以西的黄龙山主体而得名。本组分布于中国南方各省，厚 30～180 米，岩性稳定，下部为灰白色、浅红灰色厚层白云岩含燧石结核；上部灰白色、微红色厚层质纯灰岩，富含䗴类化石、珊瑚化石与腕足动物化石。

3. 二叠纪：煤炭的前身

> 参天挺拔全蕨树，
>
> 无论湿暖与寒温。
>
> 绿木有朝全不见，
>
> 地下化身变乌金。

　　重庆辖区内有不少的煤矿，其中比较大的煤矿有天府煤矿、万盛煤矿和中梁山煤矿。这几个煤矿所采煤层的年代从地质学上来讲都属于二叠纪晚期龙潭组。龙潭组以前被称为"龙潭煤系"，是指晚二叠世早期地层，距今大约 2.5 亿年。名字取自江苏江宁县龙潭镇，那儿是中国南方的重要含煤地层。

　　大家都知道煤是由植物变化而来，所以煤矿采出量大的地方说明这里以前有大量的植物，也就是说在二叠纪时期重庆曾经有过大片的茂盛的森林。

　　这里我们有必要先说一下二叠纪时期的植物状况。二叠纪开始于距今约 2.99 亿年前，延至 2.5 亿年前，共经历了大约 4 500 万年。二叠纪的地壳运动比较活跃，古板块间的相对运动加剧，世界范围内的许多地槽封闭并陆续形成褶皱山系，古板块间逐渐拼接形成联合古大陆——称为"泛大陆"（图 3.1）。陆地面积的进一步扩大、海洋范围的缩小、自然地理环境的变化，促进了生物界的重要演化，预示着生物发展史上一个新时期的到来。植物演化也不例外。

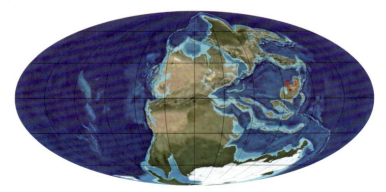

图 3.1　二叠纪海陆格局

在全球范围内，二叠纪的植物群落继承了石炭纪的植物群落面貌（图3.2）。二叠纪植物中出现了很多新的类型的植物，其中有大家熟悉的银杏、苏铁、本内苏铁、松柏类等。由于这些植物的适应能力非常强，植被可以扩展到丘陵地带和内陆干燥地区。二叠纪的早期我国出现了一个极为繁盛的植物群，叫作"华夏植物群"，这个植物群当中，适应热带、亚热带雨林气候的真蕨纲、种子蕨纲特别繁茂。我国华北广大地区在二叠纪时期形成了丰富的煤炭资源，这也是今天山西省及其周边省份成为煤矿大省的原因。相比北方地区，我国南方也有煤炭产生，东南沿海地区出现得早一些，而重庆所在的西南地区则出现得晚一些，显示出了植物由东南向西北推移扩展的趋势。二叠纪的晚期是华夏植物群的鼎盛时期，以种子蕨最为繁盛，树干高大的科达（图3.3）、鳞木（图3.4）和皮厚且具有附生根的辉木也很发育，形成了我国华南地区最重要的含煤地层。在二叠纪晚期随着广泛的海侵，聚煤作用主要发生在云南东部和贵州西部一带。当时代表温带气候的北方地区与代表冷温气候的南方地区均没有形成煤层。重庆的煤炭规模虽然无法与云南、贵州相比，但也有前文提到的那些煤矿，所以也有可观的开采量。

图3.2　二叠纪森林场景

图 3.3　科达化石

（来源：维基共享资源）

图 3.4　鳞木化石与复原图

（来源：维基共享资源）

遥远的二叠纪远古时期为什么有森林？重庆的二叠系不都是灰岩吗？灰岩反映的不是海洋环境吗？对于这个问题，我们经过研究可以作如下解答：在二叠纪时期，重庆辖区内虽然是一片汪洋大海，但地壳的运动有时候可以让局部一些地方在相对短暂的时间里抬升为陆地，植物抓住一切有陆地的机会迅速形成茂盛的森林，而后地质运动导致森林所在的区域开始下降，同时发生海侵，这个地区的森林就逐渐被埋藏在地下而逐渐形成煤，后继续沉积海相灰岩。而多次的地壳抬升、下降，最终在这些地方形成海陆交互相地层，龙潭组就是典型的海陆交互相含煤沉积。重庆是属于华南地区，在二叠纪时期位于赤道南部的南纬地区，气候温暖湿润，因此发育了类型丰富的植物，各种高大的鳞木、封印木（图 3.5）、芦木（图 3.6）等植物遍布境内。这些植物死亡之后埋入地下，就形成了前文所说的重庆辖区内那些重要的煤矿。曾经有科学研究发现，重庆的森林是发育在上述植物生长的沼泽地周边。

图 3.5　封印木化石
（来源：维基共享资源）

图 3.6　芦木化石
（来源：维基百科）

　　科学家把上述的沼泽环境和今天的环境进行对比可以发现，二叠纪时期的环境类似于今天海南的红树林环境。我们知道红树林环境是生长在热带和部分亚热带海滨潮间带，受周期性潮水浸淹，以红树科植物为代表的常绿灌木或小乔木组成的森林植被，属常绿阔叶林（图 3.7）。由于海水环境条件特殊，红树林植物具有特殊的生理特征，能经受大风大浪等各种恶劣自然环境和气候，具有抵御风浪、保护海岸、降解污染、净化海水、促淤造陆和调节气候等功能，素有"海岸卫士""造陆先锋"和"海水淡化器"的美誉。通过"将今论古"的原则，我们可以合理地推断，早在 2.5 亿年前远古时期，在形成煤之前，重庆曾经有过保护生态的"红树林"。

图 3.7　红树林景观

此外，幸运的是我们在长江边上发现了辉木化石。辉木化石就是石炭纪和二叠纪时期真蕨类的根、茎干化石。在科学分类上辉木是属于莲座蕨目辉木科。辉木茎部的生长十分特殊，它不像其他植物以次生木质部增长形成年轮，而是通过增加茎中部的维管束，在茎的皮层布满气生根以及在茎的周围长满大叶。之前人们曾经在雨花石中发现过辉木化石，被确认为辉木化石茎中部的维管束。我们在长江边上也发现同雨花石中类似的情况（图 3.8）。所以，辉木化石并不是我们常说的木化石，而是一种茎干化石。科学上已经研究证实，辉木的出现代表的是一种炎热湿润的气候环境，这也是从另一个角度印证了前面的结论，即重庆在二叠纪时期也曾经成为陆地，并且陆地上有茂密的森林。

另外还有一个值得一提的话题：辉木对于破除封建迷信的贡献。如果你去博物馆参观，你可能会看到一种神秘的图案，标签会告诉你这是二叠纪的六角辉木化石，这种辉木曾经有过神奇贡献。早在 20 世纪 50 年代初，重庆有个非法团体"一贯道"，其首领藏有一块"八卦石"（图 3.9），对外界说是从天上掉下来的"神石"，当神物供奉，令信徒跪拜，招摇撞骗。后来该团体被公安机关破获，当"神石"送给专业人士鉴定时发现，这并非什么"八卦石"，而是罕见的六角辉木化石。由此"一贯道"骗局不攻自破，而人们通过这件事不但认识了辉木化石、增长了科学知识，而且更加不会相信愚昧落后、封建迷信的鬼把戏。

图3.8　发现于重庆长江边上的辉木化石　　　图3.9　类似八卦图的六角辉木化石

重庆二叠纪时期的森林是壮观而茂盛的，规模应该要比今天大得多，同时也是一幅别样的场景。如果你穿越时空返回到二叠纪晚期的巴渝大地，你看到的将是高大的树木生长在河流与湖泊边上，很多树木下部浸在水体中，林中有巨大的蜻蜓等昆虫。你一定会遇到很多巨大的怪兽，这些怪兽外形看起来很像恐龙，但其实不是恐龙，而是似哺乳爬行类动物。它们已经演化到了这类动物的高级阶段——兽孔类（图3.10），而正是这些兽孔类动物演化出了哺乳动物。它们可谓是我们人类的远古祖先。

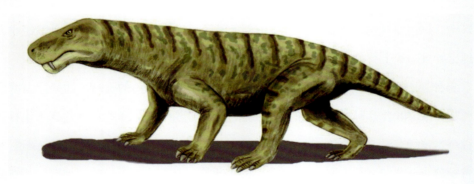

图3.10　二叠纪兽孔类动物

（来源：360百科）

附录名词

二叠纪：是指开始于2.99亿年前，结束于2.5亿年前的一段地质历史时期，延续了约4500万年。期间地球上所有的陆地组成一个大陆——泛大陆。当时海平面比较低，是生物发展的重要时期，显示出与石炭纪有一定的演化连续性。二叠纪末发生了史上规模最大的二叠纪—三叠纪灭绝事件，90%～95%的海洋生物灭绝。

龙潭组：原称"龙潭煤系"，晚二叠世早期地层，最初命名地点在中国江苏江宁县龙潭镇一带。本组为海陆交互相含煤沉积，是中国南方的重要含煤地层，含有大羽羊齿等植物化石。

泛大陆：也称联合古陆。根据大陆漂移说，晚古生代时期全球所有大陆连成一体形成超级大陆，包括北方的劳亚古陆和南方的冈瓦纳古陆；而到中生代逐步解体，形成现今的大陆与大洋。据推断，2.5亿年后，地球上的大陆将会重新汇聚在一起，再次形成泛大陆。

银杏：银杏树的果实俗称"白果"，因此银杏又名"白果树"。银杏最早出现于3.45亿年前的石炭纪，曾广泛分布于北半球的欧、亚、美洲，白垩纪晚期开始衰退；至50万年前，在欧洲、北美和亚洲绝大部分地区灭绝，只有中国的保存下来。银杏为落叶大乔木，胸径可达4米，生长较慢，但寿命极长。

苏铁：苏铁类植物是现存世界上最古老的种子植物，出现在至少3.2亿年前的古生代石炭纪，繁荣于中生代侏罗纪。当时，苏铁类植物形形色色，体态多姿，遍布全世界，成为地球陆地植被的优势种类。在白垩纪，苏铁类植物开始走向衰退，它的生长栖息地逐渐被其他裸子植物和被子植物侵占。后来经过漫长的地质地理变迁与气候变化，绝大多数苏铁类物种也不复存在，部分成为了化石。

本内苏铁：为生存于晚古生代三叠纪至晚白垩世一类裸子植物，外形和乔木状的苏铁植物相似。

松柏类：指的是松柏纲类植物，最早出现于晚石炭世，中生代早期世迅速演化，至晚侏罗世或早白垩世达到顶峰。

华夏植物群：也称大羽羊齿植物群，是指石炭纪晚期到二叠纪时期，主要分布在东亚的中国和朝鲜，向东延至日本，南至马来半岛和苏门答腊，北至中国的东北大部，向西经沙特阿拉伯、伊拉克延伸至土耳其的植物群，最具代表性的属种是大羽羊齿、华夏羊齿等。中国是华夏植物群的发源地，也是华夏植物群发育最好、研究最清楚的地方。

种子蕨：为一类已绝灭的裸子植物。始现于晚泥盆世，石炭二叠纪极盛，中生代逐渐衰退，在白垩纪灭绝。一般个体不大，大多数是倚生或攀援，也有一部分直立，不分枝，高可达 10 米，或为直立粗壮的小乔木。在三叠纪和侏罗纪时期也比较普遍。

鳞木：出现于石炭纪，乔木状，是古代最有代表性的树木之一。与许多热带沼泽植物共同繁殖在热带沼泽地区，形成森林，是石炭纪重要的形成煤的原始树木，也是古代植食性动物的重要食物来源。

封印木：指生存于石炭纪及二叠纪的一类古植物，高可达 30 多米，树干仅在顶部分枝，叶子呈针状或披针状，长可达 1 米。

芦木：为一种绝灭的古植物，属木贼纲，出现于石炭二叠纪。高可达 20～30 米，常保存为茎髓部的内模或内核化石。芦木与鳞木、封印木共同组成北半球热带沼泽森林。

兽孔类：起源于二叠纪早期，为似哺乳爬行动物的主要类群，是产生哺乳动物的祖先。

4. 三叠纪晚期：蕨类的兴盛

流年虽过亿，

我木依风采。

旧种接新类，

藏宝从无涯。

除了采集二叠纪煤层的煤矿以外，重庆辖区内还有一些规模相对较小的煤矿，采集的煤层属于三叠纪晚期的须家河组，这个距离二叠纪的龙潭组煤层有足足5 000万年时间，历史开始了轮回。比二叠纪煤层更好的是，三叠纪煤层附近的岩层中产出更多精美的植物化石，例如我们在北碚区的运河小煤矿中就发现了大量的植物化石。与二叠纪一样，这也说明了巴渝大地在三叠纪的晚期同样有大片的森林，而且在侏罗纪早期同样发现有与三叠纪类似的植物化石。这说明了重庆在三叠纪时期出现的森林一直延续到了侏罗纪的早期。

说起成煤，你也许会推测三叠纪晚期的植物跟二叠纪的一样。但事实却恰恰相反，植物到中生代发生了重大的变化，很多二叠纪占据优势的植物，像石松类、楔叶类、种子蕨类和科达类都出现了大衰败，很多甚至彻底绝灭，而新崛起的势力有裸子植物门的苏铁类、本内苏铁类、银杏类和松柏类，它们接替了二叠纪的那些植物，继续着造煤大业。

三叠纪时期的海陆格局处在分久必合的状态，与今天的情况相差甚远。当时所有大陆连成一片，形成一个联合古陆——泛大陆（Pangea），外形像一个巨大的不规则的字母C，C的里面就是辽阔的特提斯洋（Tethys Ocean），当时重庆所在的南中国位于字母C的起笔之处（图4.1）。

在三叠纪的早期，重庆辖区内沉积的是海相灰岩地层，被称为飞仙关组与嘉陵江组。到了三叠纪中期情况则一分为二，有的地方地层称为雷口坡组，以海相灰岩为主，有的地方地层则称为"巴东组"，岩性则是以陆相的紫红色粉砂岩、泥岩夹

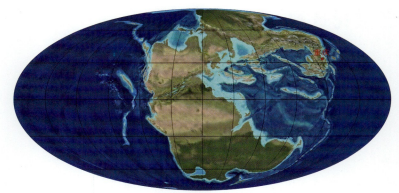

图 4.1　三叠纪海陆格局

灰绿色页岩为主。目前已经在重庆巴东组中发现了双壳类化石等，但还没有发现植物化石。而在紧邻重庆的湖北西部三峡一带地区的巴东组中下部和上部发现了丰富的植物化石，主要以石松类和种子蕨类植物为主，尤其是发现了肋木化石（图4.2）。这个填补了中三叠世没有发现植物化石的空白。人们通过研究推断：这些植物当时可能生长在较平坦的滨海岸边，不断地受到潮水的影响，或者分布在不受风浪冲击的平坦海岸和海湾的淤泥浅滩上。当涨潮时，植物部分或全部被潮水淹没，形成了滨海潟湖环境；退潮时，植物体又露出来，又形成了干化潟湖环境。

图 4.2　肋木化石与复原图

（来源：维基共享资源）

重庆的地质地层情况与湖北西部比较相似，之前已有研究分析认为在重庆应该有肋木存在。因此，未来很有可能在重庆辖区内的巴东组中发现有植物化石，甚至是肋木化石。我们这里可以暂且推断：与湖北西部地区的同一时期，重庆除了有大海之外，东部地区处在滨海地区，海岸附近长满了植物，植物生长受海浪的影响。

时间到了三叠纪晚期，我国的植物分布情况出现了新的特征。当时我国北方属于丁菲羊齿植物区系，化石保存在陕西的延长组中，这个组含有厚度不大的煤层。聚煤作用总体是由西北向华北地区扩展，在新疆、陕北等地形成了巨厚的煤层，这是我国最强盛的聚煤期，我们今天烧的煤大多是这个时期形成的。同一时期我国南方的植物属于网叶蕨和格子蕨植物群，在重庆、四川、云南、江西和湖南一带形成重要的含煤地层，重庆和四川境内地层叫作"须家河组"，重庆的小煤矿采集的就是须家河组里面的煤层。

在晚三叠世这个时期，重庆乃至四川盆地中有很多种植物类型，其中有节类、苏铁类和真蕨类最为丰富，科学分类上有接近 50 个属，大约 90 个种。这些植物以简单网脉型植物为特征，不含或少含银杏类和种子蕨类。我们在北碚运河煤矿和施家梁须家河组地层中发现了枝脉蕨化石（图 4.3）、新芦木化石和侧羽叶化石（图 4.4、图 4.5）。

图 4.3　北碚枝脉蕨类植物化石

图 4.4　三叠纪侧羽叶植物化石　　　　　　图 4.5　三叠纪新芦木植物化石

科学家对四川盆地的植物化石进行了研究发现，这些纷繁复杂的植物当中其实具有演替，发现了 4 个植物群落：

①沿岸水生植物群落，以节蕨类占优势。

②沼泽湿生草本植物群落，以真蕨类双扇蕨科、紫萁科占优势。

③浅滩及平原湿生—中生灌木—乔木植物群落，以苏铁类为主。

④高地中生—旱生乔木植物群落，以银杏和松柏占优势。

这 4 个群落顺次构成演替序列，高地中生—旱生乔木植物群落是演替序列的顶级群落。这 4 个植物群落的演替序列实际上反映出了一个湖泊被逐渐填平的过程。在这个过程中，植物类型和群落类型与沉积环境关系密切。从这些植物群落的变化中我们可以看出重庆是如何从一个大湖泊消亡变成陆地的。

除了对植物群落总体面貌进行研究之外，科学家对个体古植物生态恢复也做了分析，其中苏铁目带叶植物并非单叶，而是由十几枚或更多枚带羊齿型具柄单叶簇生于枝顶端，包围着雄性或雌性花，生活在湿热的湖泊沼泽水体边缘岸上环境。由此可以想象 2 亿年前重庆辖区内巨大湖泊旁边水草丰茂的场景，就如同今天的湖边场景一般（图 4.6）。

说起茂盛的植物森林，就不难联系到上面提到的煤。经过研究发现，气候对植物成煤的影响十分显著，湿度和温度是其中两个主要因素。我们通过对四川盆地晚三叠世须家河期古气候与成煤作用实例分析，可以得出结论：湿度增加、温度下降，有利于煤的形成。侏罗纪早期的珍珠冲组含煤性不及三叠纪晚期的须家河组可采煤

图 4.6　三叠纪森林场景

层多，总的看来，重庆乃至四川盆地中生代早期含煤地层沉积时期古气候变化与成煤作用关系有下列几种现象：

①植物丛生的湖沼地区，在地史演进中，随着该区湿度增加、温度下降有利于煤的形成。

②温度与湿度同步升高的环境，不利于煤的形成。

③湿度与温度同步下降的环境，不利于煤的形成。

④湿度下降，温度升高的环境，不利于煤的形成。

晚三叠世须家河早中期，气候变化为湿度增加、温度下降，因而在须家河组的第三段和第五段形成大面积可采煤层。在重庆辖区内发现了一些小煤矿，像北碚区的运河煤矿就是采集的这样的煤层，而在四川省则发现了如广元、旺苍煤田，华蓥山这样的煤田。须家河晚期湿度下降，温度升高，很少形成有价值的煤田。在侏罗纪早期的珍珠冲组时期，湿度、温度同步升高的重庆东北的开州区辖区内形成了一些零星的煤层，但没有多少开发价值，在开州区周边的四川宣汉、达县地区湿度与温度同步下降，也没有形成有开采价值的煤田。我们这两年在重庆北碚施家梁陆续发现了大量的外观呈黑色的植物化石，均为蕨类植物，其中还有黑色硅化木，这些都暗示了煤的形成过程。

到了早侏罗世，地质运动使得四川盆地东部发生了局部抬升，这导致重庆辖区内的湖底暴露出了水面，这个可以从侏罗纪最早期的红色砂泥岩中得到验证。而随后，湖盆又发生下降，暴露的重庆地区又重新被湖水所覆盖，产生了浅湖—滨湖或滨湖沼泽环境，在浅湖区内生物开始繁盛起来，这让植物又重新兴盛起来。古生物学家在地层当中找到了植物化石，经过研究确认是蕨类植物，叫作似木贼（图4.7）。这种似木贼出现在3亿多年前的石炭纪，在侏罗纪时期最为繁盛。可见虽然发现的化石不多，但反映出当时繁荣一时的似木贼森林。今天也有似木贼，但已经处在次要地位，外观和侏罗纪的亲戚相差较远，只能从它们身上追忆远古时期祖先的辉煌了。科学研究发现这种似木贼植物可以反映出一种湿润的气候。从植物以及其所在的地层颜色上：灰色—黄绿色—紫色，可以分析出当时气候环境变化是从温暖湿润到半干燥再到干燥。湿润这个时期正是植物化石对应的时期，可见正是植物让当时的气候变得湿润，如同我们今天一样。而后来环境变化导致了植物的消失，环境变得炎热干燥。

图4.7　北碚侏罗纪蕨类植物——似木贼化石

时间到了侏罗纪中期，四川盆地完全成为陆地，紫红色的岩石开始形成。重庆地区也随之开始有河流与湖泊的陆地沉积，炎热干旱的气候开始到来，高大的乔木森林也开始形成。但由于陆相保存的缘故，植物的叶子等无法保存，只在紫红色的砂岩中保留了它们巨大的茎干身躯，但这并不妨碍它们以这种伟岸的姿态来继续述说远古森林的故事。

附录名词

三叠纪：为 2.5 亿至 2 亿年前的一个地质历史时期，延续 5000 万年，是中生代的第一个纪。三叠纪中期，泛古陆开始出现分裂，以恐龙为代表的爬行动物开始在三叠纪崛起。晚三叠世时，裸子植物真正成了大陆植物的主要统治者。末期发生地球史上第四次大灭绝事件。

须家河组：曾称广元煤系、须家河系，为三叠纪晚期的地层，分布于四川、云南、陕西等省。为海陆交互相含煤沉积，以砂岩及粉砂岩为主，夹泥岩和煤层，产有丰富植物化石与双壳类化石等。

特提斯洋：也称特提斯海，是指位于北方劳亚古陆和南方冈瓦纳古陆间长期存在的古海洋。由于类似其残存的现代欧洲与非洲间的地中海，现代地中海是特提斯海的残留海域，故又称特提斯海为古地中海。

巴东组：为三叠纪中期的一段地层，以紫红色粉砂岩、泥岩夹泥灰岩为主，含有植物化石与无脊椎动物化石。

潟湖环境：是海岸地带由堤岛或沙嘴与外海隔开的平静的浅海水域，它和外海之间常有一条或几条水道沟通。由于潟湖地处海陆相交的特殊地带，受河流和海水的共同影响。

丁菲羊齿植物区系：丁菲羊齿为一种种子蕨类植物，以其为代表构成了晚三叠世的北方植物区系。

延长组：为鄂尔多斯盆地内中—晚三叠世形成的一套河—湖相岩石地层，是鄂尔多斯盆地内主要含油、气地层之一，产著名的铜川植物群和延长植物群。

网叶蕨和格子蕨植物群：为网叶蕨—格子蕨两种植物组合类型代表的植物群，

代表了晚三叠世我国南方近海湿热气候下繁茂的热带—亚热带植被。

枝脉蕨：枝脉蕨代表一种起源于二叠纪时期的树蕨，现生的树蕨作为罕见的乔木状蕨类植物，已经成为一种"活化石"。枝脉蕨植株高大，其羽片长度就可达 1 米。化石多保存为羽片以及小型叶片。

新芦木：为三叠纪至中侏罗世的一类植物，其茎分节，中空。

侧羽叶：生存年代为晚石炭世至早白垩世，三叠纪和侏罗纪最为常见。叶片裂成细线形或舌形的裂片；裂片基部着生于羽轴的两侧，上下两边近于平行；叶脉平行，不分叉或在靠近基部处分叉一次。

有节类：茎及其分枝具有叶的功能，而叶本身只起着辅助作用。因现存唯一的代表属木贼属及作为化石代表的芦木等有明显的节而得此名。

似木贼：指起源于外形与现代木贼属和新芦木高度相似的植物。茎干常保存成为印模化石，分布遍及全球。始于石炭纪，最盛于侏罗纪。

5. 侏罗纪：伟岸的木化石

山村人静雨蒙蒙，

唯留鸟鸣伴路行。

自然不语非冷漠，

草木含笑缘有情。

侏罗纪时期，地球发生很多重大事件，泛大陆解体，对植物泛化产生了深远的影响（图5.1）。

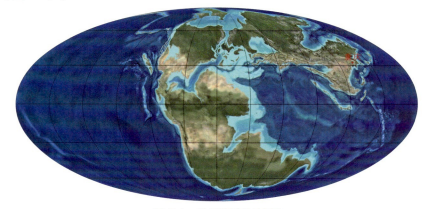

图 5.1　侏罗纪海陆格局

重庆的很多地区都产有侏罗纪巨厚层的红砂岩，在这些红砂岩中，时常会发现很多粗大的、外观类似树木的个体，这些树木个体长可达 20 多米，直径最大的超过 1 米。很多人看到这些个体都会认为这是古老的树木，而这些大家伙不是别的，正是侏罗纪的树木，科学的语言称为"木化石"。

这里我们需要说一说什么是木化石。木化石主要是远古时期植物形成的化石。植物的树干、根和茎及叶都可以形成化石，而木化石指的是由树干形成的化石。按照形成原因，木化石可以分为：渗矿化木（其中包含了硅化木），钙化、白云石化以及磷灰石化木和黄铁矿化、菱铁矿化木，煤化木与丝碳化木。最常见的木化石就是我们熟悉的硅化木，我们见到的 90% 以上的木化石都是硅化木，因此硅化木就成了木化石的代名词。

那么，什么是硅化木？硅化木就是树木被迅速埋入地下后，在地层中，树干周围的化学物质如二氧化硅、硫化铁、碳酸钙等在地下水的作用下进入树木内部，取代了树木的木质部分，而保留了树木的形态最终形成的木化石。它保留了树木的木质结构和纹理，颜色为土黄、淡黄、黄褐、红褐、灰白、灰黑等（图5.2），抛光面可具玻璃光泽，不透明或微透明，因部分硅化木的质地呈现玉石质感，又称树化玉。若根据矿物学组成，硅化木又可以划分为石英硅化木、玉髓硅化木、蛋白石硅化木。石英硅化木最为常见，玉髓硅化木次之，蛋白石硅化木则十分稀少。我们在野外可以发现保存非常好的硅化木（图5.3、图5.4）。把硅化木切开打磨，可以观察到非常清晰的年轮（图5.5）。

图 5.2　彩色硅化木横截面
（来源：维基共享资源）

图 5.3　野外硅化木
（来源：维基共享资源）

图 5.4　彩色硅化木

（来源：维基共享资源）

图 5.5　硅化木光面——示年轮

（来源：维基共享资源）

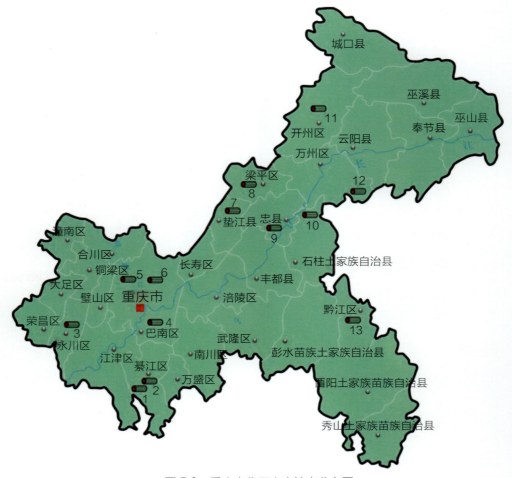

图 5.6　重庆木化石出产地点分布图

1. 綦江古剑山；2. 綦江翠屏山；3. 永川区；4. 巴南区；5. 北碚施家梁；6. 渝北区；7. 垫江县；
8. 梁平区；9. 忠县洋渡；10. 石柱西沱；11. 开州区；12. 万州恒合；13. 黔江区

　　我国是木化石资源大国，很多省份都有木化石发现，并且产出非常集中，形成了可观的地质资源。有的木化石体积非常大，十分壮观。目前，发现木化石分布较多的地方是四川盆地、新疆、云南、海南、贵州、湖北、北京与吉林。近年来，不断地在重庆发现木化石，其形成具有特殊的地质背景。三叠纪时期的印支运动使得四川盆地边缘逐渐隆起成山，盆地由海盆转为湖盆。当时湖水几乎占据现今四川盆地的全境，称为"巴蜀湖"。在中生代漫长的1亿多年里，盆地气候温暖湿润，蕨类、苏铁和裸子植物繁荣一时。白垩纪末期发生的燕山运动则使得盆地四周山地继续隆起，盆地被断层分割。气候逐渐变得干热，植被等不断衰退死亡，而死亡之后的植物躯体陆续被沉积物掩埋，形成大面积硅化木化石，埋藏于红色和紫红色的砂、泥、页岩中。所以，20世纪90年代起，四川盆地各地出土了大批木化石，总量多达数万立方米，其中大面积区域多位于四川盆地的重庆，辖区内发现了大批的木化石。

从图5.6中我们不难看出，重庆已经有13个区县发现木化石的记录，根据目前已经发现的规模记录，綦江区、万州区、北碚区、忠县以及巴南区是硅化木大量集中出产的地方。而根据前文所说的地质背景，以后预计会有更多的发现。例如：靠近遂宁的潼南与合川等地，理论上也应该有硅化木的发现；在地质地理上和上述三处集中化石发现点的邻近区域也应有木化石分布。所以，重庆是一个木化石资源丰富且远景广阔的地区。目前已经证明，綦江、万州、忠县与北碚木化石都是产自中侏罗世沙溪庙组。其他地区的木化石推断产自侏罗系红砂岩中，具体的时代还需要我们进一步考证。

木化石看似其貌不扬，但往往有着伟岸的身躯。它们代表的是远古茂盛壮观的绿色丛林（图5.7），是史前遍布境内的巨大树木构成的森林最直接的见证。虽然它们不能张口说话，但这并不妨碍它们从另外的角度向你"诉说"一片神奇的史前森林，一段精彩的生命演化故事。

下面着重介绍侏罗纪中期和晚期的木化石，这两个时期的典型代表都产自綦江区，是重庆市唯一经过正式科学研究的木化石群。綦江区是木化石产出较为集中的地区之一，这里的木化石遍布綦江多个乡镇，最为典型和集中的两个地点位于一处重要的地方。这个地方现在有双重身份：一个是重庆綦江国家地质公园（2009年获批），另外一个是重庆綦江区木化石—恐龙足迹国家重点保护古生物化石集中产地，这是重庆第一个国家级古生物化石集中产地。这个地方是以典型、稀有、珍贵的木化石群、恐龙化石景观和丹霞地貌景观为主体，融合了天然优美的中低山—丘陵地貌景观、水体景观、自然生态、人文景观，是一处旅游胜地。而且我们已经编制了10年产地保护规划，规划中要建设博物馆、保护馆和科考步道长廊等，以便把这些木化石妥善地保护起来，供人们参观和学习地学知识。把这个地方建设成为一个地学旅游圣地，这样既能永久保存宝贵的不可再生的化石资源，又可以保护生态环境，促进地方经济发展。

图 5.7　侏罗纪森林场景

图 5.8　綦江硅化木

重庆綦江木化石产地内所产的木化石丰富、清晰、高大、完整（图5.8）；恐龙足迹化石数量众多、保存完整、形态生动；丹霞地貌特征典型、类型繁多、景观优美（图5.9）。拟建的重庆綦江国家地质公园对研究綦江乃至西南地区中生代地质演变历史和古地理、古气候条件、古动植物发育生长情况等具有重要的科学价值，是一座珍贵的地学宝库，一处得天独厚的科普教育基地。

图5.9　綦江丹霞地貌

重庆綦江木化石产地所在的綦江区从地理上来说，位于四川盆地边缘与云贵高原结合的地区，从地质上讲则是介于华蓥山帚状山脉向南倾没、大娄山脉向北延伸之间。三叠纪的末期，全球规模的印支造山运动使得四川盆地边缘逐渐隆起成山，四川盆地的海洋历史结束，盆地由海盆转变为陆盆，出现了很多湖泊。在侏罗纪中期，四川盆地发生了一次局部的构造事件，这次事件使得之前湖泊纵横的四川盆地开始出现很多河流，沉积了很多砂岩与泥岩互层的沉积相。此外，还有很多巨厚层的砂岩，里面沉积了很多化石，其中包含了大量的木化石。这里面最为典型的代表是两个大规模的木化石群——马桑岩木化石群和古剑山木化石群。

（1）马桑岩木化石群

马桑岩木化石群发现于2005年初，产地位于距离綦江主城区2千米的文龙街道文龙村马桑岩采石场上。经过一段时间的挖掘，已发现了 20 多根木化石，这些树木化石分布十分集中，在面积大约 1 000 平方米的范围内，而且所有木化石都没有完全地暴露出来，最长的一根露出来的长度达到 24 米，钻孔证实长度至少还可以延伸 2 米，直径接近 1 米。这应该是西南木化石之王，在国内也应该是名列前茅。还有两根树木的长度也达到了十几米，直径超过 1 米。这些在西南地区都是创纪录的。经研究发现，马桑岩的木化石所在的地层是上沙溪庙组。而经过对前人研究四川盆地的地层总结，发现侏罗系地层在四川盆地中从下部到上部有侏罗纪早期的自流井组，侏罗纪中期的新田沟组、下沙溪庙组与上沙溪庙组，侏罗纪晚期的遂宁组与蓬莱镇组。之前曾经在下沙溪庙组、遂宁组和蓬莱镇组发现有木化石，唯独缺少上沙溪庙组。所以，马桑岩的木化石群无疑是四川盆地在新的地质时期发现的木化石，为四川盆地的木化石增加了新的研究材料。如果我们把这里的木化石放在全国范围内进行比较，可以发现除了在四川自贡市、射洪县、宜宾市发现有侏罗纪中期的木化石以外，其他都分布在北方，所以这次马桑岩木化石的发现不但扩大了四川盆地整个侏罗纪木化石分布范围，而且增加了我国南方的侏罗纪木化石分布地点。这样，我们就可以继续搜索南方侏罗纪地层的木化石。

如果你走入马桑岩采石场，很容易看到躺在巨厚的砂岩中的巨大木化石。这些木化石是顺着坡向分布的，与岩层面倾向基本一致，树木基本都是沿着岩层面纵向分布的，有一些小一点的木化石垂直或者斜交倾向。木化石保存较完整，既有粗大的树干又有细小的枝桠。所有木化石均受到了比较强烈的矿化作用，看上去呈灰黑色或褐黄色，就像煤炭一样。木化石都十分的坚硬致密，质量较大，如果拿一块在手里，会感觉比较重；如果用地质锤敲打，则会冒火星；如果观察断面，会看到树皮表面疤结、年轮，甚至可以模模糊糊地看到一些木质纤维结构。

这些木化石横面或端面呈圆形或者椭圆形，直径一般为 50 ~ 60 厘米，大者超过 100 厘米。树皮形态清晰，表皮漆黑如炭；内部颜色都呈深灰色或黑色，以黑色为主。最长的一根长度已经超过 26 米，直径接近 1 米，如果按照树木比例与生长情况估计，树的高度应该超过了 30 米！除了树干之外，这些树木的树枝也呈圆柱形，直径

10~20厘米，一般保存不全；有的树木还有外皮，呈桂皮状，厚度一般都是0.5厘米，极易脱落。部分树木表层不是黑色而是褐黄色，这应该是褐铁矿这种矿物的矿化杰作。

　　木化石的外观已经比较震撼了，而如果把木化石样品采集回去，制作成为化石薄片在显微镜下进行观察，则会看到另外一个精彩的世界！我们对多根木化石采集了样品，然后在室内磨片机上精心磨制了几十张薄片，这些薄片既有穿过树木中心的，也有垂直树木生长方向的，还有平行生长方向但没有穿过中心的。可以观察到：木材生长轮很清楚，木材当中类似玉米粒的管胞排列整齐。管胞径向壁上的具缘纹孔排列密集，圆形或椭圆形，多数为1列，少数情况下为2列；还有由若干大圆圈组成的交叉场纹孔，5~10个；还能观察到射线薄壁细胞略呈梭形或纺锤形，水平壁平滑，端壁常加厚；射线比较密集、单列，射线中常见膨大的椭圆形细胞，就像嵌在射线中一样（图5.10）。

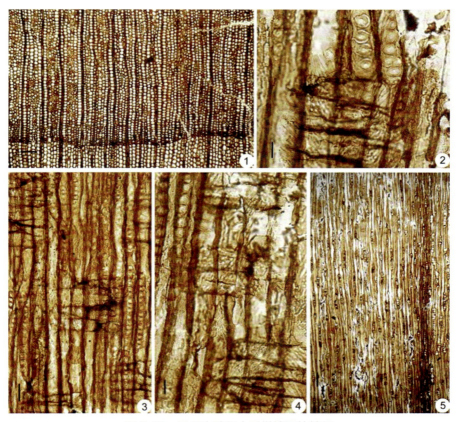

图5.10　马桑岩硅化木显微镜下的特征

　　我们根据这些精美的树木微观世界可以对这些树木进行分类鉴定，来确定它们究竟属于哪个植物家族。因为中生代木化石分类系统往往将具有髓部、初生木质部及次生木质部的木化石类型与仅保存有次生木质部的木化石类型进行单独分类，二者属于不同的分类系统。从上面的解剖特征可以看出，马桑岩这些古老的树木是属于松柏类植物，可以认为是贝壳杉型木，是高大的乔木，是远古松柏林森林的冰山一角。

　　看到这些壮观的木化石，很多人会问，这些巨大的远古树木化石究竟是如何形成的呢？

　　要回答这个问题，就要从保存木化石的地层与岩石中寻找答案。马桑岩木化石所在的整个侏罗纪地层主要为一套代表河、湖沉积环境的红色碎屑岩系，而木化石群所埋藏的地层上沙溪庙组主要是一套块状中粗粒岩屑长石石英砂岩层。岩石总体特征反映出的是多次交替出现的河流与湖泊的湖陆相沉积，这表明当时构造运动强烈，水动力条件强。这些特征说明綦江木化石生长在盆地边缘河湖相沉积环境之中，当时的气候生态很不稳定，非常多变。根据"将今论古"的原则，松柏类植物在今天生活在热带—亚热带，气候相对较高，阳光比较充足，所以发现木化石的綦江在侏罗纪时期应该也处于热带—亚热带气候。

　　综合木化石的本身特征与所在岩石的沉积相特征，我们可以勾画出木化石的形成过程：1.4 亿年前中侏罗时期，地处四川盆地边缘的綦江地区主要为亚热带—热带气候，气温较高、阳光充足、雨水充沛、土地肥沃，土壤中富含植物生长所必需的各种营养元素。这里生长着高大的南洋杉木型常绿树木，林下推测有丰富的蕨类及其他植物。当时的环境也有利生物的繁衍生息。此后地壳变动引发的一系列地质事件，像盆地抬升与降低、盆地内发洪水等，这些事件摧毁、推倒了茁壮的树木，导致这些树木大多顺层卧倒并被就地掩埋在沙石泥土之中。经过千万年到亿万年漫长的地质历史时期，沉积成岩作用导致沙石泥土变成砂岩、砂砾岩等。树木所在的上沙溪庙组含有大量长石石英砂岩，可为水体溶液提供二氧化硅。大气降水、地下水等在火山或地热等作用下往上流动，并从流经的岩石中淋滤萃取出大量二氧化硅及其他矿物质，形成富含二氧化硅的胶体溶液。这些胶体溶液在树木腐烂之前不断地向树木体内渗透，树木中的有机质被带出来，溶液的矿物质如二氧化硅、碳酸钙、氧化铁等填充进入细胞腔和细胞间隙，这样树木原来的物质成分几乎全部被溶液中的物质成分所替代，而树木原貌几乎未改变。因此，树木的形态轮廓，包括它的年轮花纹都还栩栩如生，而树木的叶子、枝条等被水流带走或腐烂。保存在沙石泥土中的树木躯干与部分树枝经各种石化作用，最终变成了木化石。

那么这些木化石能反映出什么样的古环境呢？木化石身上黑乎乎的东西表明了什么呢？众所周知，植物是指示气候的最具说服力的要素。前面我们说过马桑岩植物化石为松柏类，代表的是热带—亚热带气候。我们如果进一步深入研究，还能提炼出更多的科学信息。这里的木化石树皮碳化，木质硅化、褐铁矿化，根据地质学研究得出的规律：碳化代表的是一种还原环境，而褐铁矿化代表的是氧化环境。还原环境和氧化环境是完全敌对的。这就带来了一个矛盾，这两种对立的成因环境怎么就在木化石中融为一体了呢？这就需要我们从树木经历的自然和地质作用入手，去寻找答案。我们推断：树皮碳化是因为当时这些树木遭受了森林大火，可能是闪电或者其他原因造成的森林大火将树的表皮烧成了木炭，后来树木倒在了泥土当中，受到富含二氧化硅以及氧化铁溶液的浸泡。碳化转向石化，而同时也发生了褐铁矿化，导致这两种作用同时发生在了木化石的保存过程中。

木化石遭受森林大火燃烧同时带来的一个推论是当时该地区的气候较为干旱。科学研究表明侏罗纪到白垩纪整个地球总体是以均一的海洋性温暖潮湿气候为主，而在亚洲中部及东部，自侏罗纪中期末或侏罗纪晚期开始出现的干燥气候，一直延续到白垩纪。我们根据木化石的指示并结合孢粉的研究结果，可以对四川盆地侏罗纪中期时期的气候与植被作出推测；当时四川盆地在侏罗纪中期总体应该是亚热带半干旱—干旱气候，植被发育，以乔木、灌木为主，林间蕨类植物繁盛。这一点不同于当时全球海洋性温暖潮湿气候大背景。这表明四川盆地当时具有独特的地理位置，因此，造成了这样的结果。

（2）古剑山木化石群

说完了侏罗纪中期的木化石群，接下来我们说一下侏罗纪晚期的木化石群，目前唯一的代表——位于綦江古剑山风景区的木化石群。綦江的古剑山嵯峨挺拔，如剑指云，是著名的川东名胜"巴渝十二景"之一，以几十平方千米优美的丹霞地貌著称。这里的赤壁丹崖主要由红色的砂砾岩层和红色砂泥岩层形成陡峻山壁或山峰，发育广泛，美景千姿百态。此外，这里是省级森林公园，有着10多万亩（1亩≈666.7平方米）森林，满眼郁郁葱葱、层层叠叠的美景让人心潮澎湃。大家在享受古剑山绿色的森林时也许想不到，在古剑山红色的山崖中也产出过大量的远古树木化石。这些是侏罗纪最晚期的森林，说明古剑山在1.4亿年前就是一片郁郁葱葱的世界。

这个木化石群是2011年在修建古剑山景区道路期间，由工人凿山修道时发现的。当时在长约100米道路两侧的岩层剖面中产出大量的木化石，工人们就怀疑这会不会是什么古老树木？于是将化石堆放在公路两侧，后来被綦江国土局的专家确认是木化石。这是綦江国家地质公园里继马桑岩木化石群后又一重大发现。

在野外可以很明显看到，木化石在公路两侧均有大面积的出露，在左侧边坡上化石出露面积有1 265平方米，产出木化石46处；右侧边坡面积虽然只有526平方米，但产出木化石61处，多于左侧。这里的木化石和马桑岩采石场的木化石的保存状态明显不同。马桑岩木化石是平行于岩层坡面的，而这里的木化石多垂直或近垂直于坡面，所以在剖面中几乎全部为横截面外观，长度都很短，基本上都在1米以内，而横截面的形状多为近椭圆或近菱形状，总体长轴直径在60～70厘米，最大一块的长轴直径约74厘米（图5.11）。

同马桑岩的木化石一样的是，这里的木化石也受到矿化作用，树皮发生碳化与褐铁矿化，但是颜色有所不同。古剑山的木化石呈现橘色、黄色及红色等混合的彩色花纹；质地较脆，锤击可敲碎，很多结构可以从树皮表面疤结木质纤维结构观察到。树木经历了多种矿化，包括硅化、钙化与褐铁矿化等。这里木化石最显著的一个特点是从横截面可以观察到树木周边包裹一薄层类似沥青的黑色物质，中间为暗色物

图 5.11　古剑山硅化木

质。这层黑色物质遇火可燃，能闻到一股浓烈的橡胶味。

　　我们对木化石所在的岩层剖面进行了实测，来确定古剑山木化石的地层年代，结果表明整个化石群产出区完全位于侏罗系最晚的地层蓬莱镇组的地层中。人们往往将蓬莱镇组划分为上、下两个部分，而古剑山木化石是产在上段部分中，距离侏罗系—白垩系的界线不远。确定了木化石的准确层位，我们就可以和四川盆地及全国其他地方的木化石进行对比。前面我们提过，在四川盆地中还有两处地点也产出蓬莱镇组的木化石：一处是四川宜宾江安硅化木群，主要赋存于蓬莱镇组下段的灰黄色钙质长石砂岩中；另外一处是四川射洪国家地质公园硅化木，化石产出层位为上侏罗统蓬莱镇组下段。古剑山木化石是产自于蓬莱镇组上段，显然比这两处的木化石层位都要高，不言而喻也就成为四川盆地发现木化石的新层位，换句话说就是四川盆地最年轻的木化石。

　　我们统计了四川盆地发现木化石的层位，发现四川盆地下沙溪庙组赋存有木化石，遂宁组也有木化石报道，加上蓬莱镇组上、下段均有木化石发现，木化石的序列逐渐完整、清晰，构成了一个木化石的完整序列，为我们以后系统地研究四川盆地木化石打下了基础。

我们跳出四川盆地，和国内其他的木化石进行对比也有新的发现。侏罗纪晚期的木化石在我国除四川盆地外，其他全部分布于北方，而古剑山木化石是国内南方侏罗系层位最高的木化石，而北方能与古剑山木化石相比较的只有黑龙江嘉荫宁远村组的云杉型木化石，其他木化石年代都要比古剑山木化石群早。虽然确定古剑山木化石和嘉荫木化石群哪个更晚还需要更深入的研究，但可以肯定的是古剑山木化石群不但是迄今为止四川盆地最晚的木化石群，也是国内最晚的木化石群之一。古剑山的木化石类型与嘉荫的木化石有所不同，地理环境也有较大差别，这为以后我们开展科学研究工作提供了方向。

跟马桑岩木化石一样，我们同样将采集的大量样品磨制成薄片，在显微镜下对其微观结构进行观察，其结果是我们又观察到了一个精彩的木化石内部世界（图5.12）。这些特征看起来很像马桑岩木化石的结构：生长轮清楚，管胞径壁纹孔单列，木射线单列，射线高度低，呈梭形或纺锤形，交叉场纹孔小、数量较多等。古剑山的木化石中均未发现有髓部和初生木质部，应该是没有保存下来。因此，我们认为

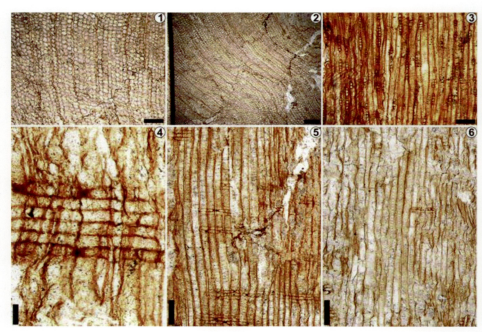

图5.12　古剑山硅化木显微镜下特征

这是无髓木化石。经过仔细的研究对比，我们发现古剑山的木化石解剖特征与贝壳杉型木的解剖特征非常接近，因此可以认定是同一类，所以我们确定古剑山木化石应为贝壳杉型木。这些贝壳杉型木有力地证明了在侏罗纪晚期，重庆及周边地区存有大片高大乔木形成的森林。

古剑山的木化石是如何形成的？古剑山木化石所在的蓬莱镇组主要是一套代表河流湖泊沉积环境的红色碎屑岩系。这些岩层反映出一个明显的特征变化，那就是从侏罗纪中期河流相占主导转变为湖泊相与河流相多次交替共存的陆相沉积，这样就形成了泥岩、砂岩与粉砂岩相互逐渐演变的规律。这种规律根据以往研究可以指示河流与湖泊的进退，换句话说岩性的变化可以指示湖泊与河流范围的变迁。这说明在侏罗纪晚期，古剑山的森林是生长在盆地边缘河流或者湖泊的沉积环境之中，深受河流与湖泊共同的影响。

结合古剑山木化石赋存的地层岩石学特征，我们可以对古剑山木化石群的形成原因做出推断。侏罗纪晚期，地质运动导致古剑山及周边地区从河流纵横转变为河流与湖泊共同发育，河流与湖泊周边生长有茂密的植物。后来发生地质构造抬升事件，导致湖泊面积减少，植物随之大量死亡，倒卧并被就地掩埋在河流与湖泊的沙石泥土之中。经过近1.5亿年漫长的地质历史，沉积成岩作用导致沙石泥土变成砂岩、泥岩等。

木化石的形成过程与前面马桑岩木化石十分相似，唯一不同的是地层变成了蓬莱镇组，而该组含有大量粉砂岩、细砂岩与长石石英砂岩，同样可以提供大量二氧化硅给水溶液。

和马桑岩木化石群一样，古剑山木化石群同样有着重要的古气候学意义。马桑岩的木化石已经证实了侏罗纪中期四川盆地总体是半干旱—干旱气候的结论，从而反映出侏罗纪中期这段时期四川盆地具有不同于全球海洋性温暖潮湿气候背景的特殊局部气候特征，但对于四川盆地侏罗纪晚期的气候，之前的研究一直没有一个统一的结论。既有人研究认为四川盆地的气候到侏罗纪晚期就发生了变化，这个时候的气候比侏罗纪中期更加湿润，而且侏罗纪晚期到白垩纪早期四川盆地是以暖湿气候为主，与同期全球气候变化保持一致。也有人认为侏罗纪晚期植被面貌与侏罗纪中期基本相似，仍以较为繁茂的灌木丛及松柏类裸子植物为主，但林间蕨类植物较侏罗纪中期有所增加，气候总体上为半干旱—干旱环境，部分时期为半干旱—半潮湿。我们根据古剑山木化石与马桑岩木化石都是松柏类的情况推断，该地区侏罗纪晚期为半干旱—干旱气候，基本上支持上述的后一种结论，即侏罗纪晚期的植被面貌应该与侏罗纪中期的十分相似，总体气候应为干旱—半干旱。由此我们可以进一步得出结论，尽管从侏罗纪中期到侏罗纪晚期沉积相发生了重大变化，由河流相占主导转变为河流相与湖泊相占据主导，但四川盆地的气候依然保持总体干旱，并未发生根本性的变化。

我们把两个木化石群所代表的气候拉通来看，可以从植物大化石角度更加有力地证明綦江乃至更大地区从侏罗纪中期到晚期气候总体一直保持半干旱—干旱状态。而后构造运动导致四川盆地抬升，湖泊就逐渐消失，而水域面积的缩小导致植物大量死亡，很多植物变成了木化石。而后更加干燥炎热的白垩纪到来，四川盆地的环境更加不适合生物居住，而这个时期正是四川盆地的恐龙还有鳄鱼、龟类等走向终结的时期。所以，我们可以作出一个大胆的设想：气候的持续干旱是终结四川盆地恐龙统治的罪魁祸首，正是气候的持续干旱导致了这个真实存在的巨大东方侏罗纪公园的坍塌。当然，是否真是如此，还有很多细节需要深入研究，才能得出科学、准确结论。这是我们下一步的研究方向。

另外，需要指出的是，我们前文所提到的木化石都属于裸子植物。裸子植物从晚泥盆世到全盛的中生代，历时1.5亿年。就在侏罗纪晚期，茂密的森林逐渐走向衰败，一种不起眼的植物开始出现在地球上，它们与之前的森林植物不同，它们可以开花，这种革新让它们开始登上了地球演化舞台的中心，开始逐渐取代裸子植物的统治地位，这就是被子植物（图5.13）。它们出现之后，地球表面开始变得鲜花烂漫，更加美丽。可能是由于保存条件的原因，重庆目前还没发现被子植物化石。而在我国辽宁西部的侏罗纪晚期地层中发现了大量的早期被子植物化石（图5.14），因此辽西成为了被子植物的起源地。

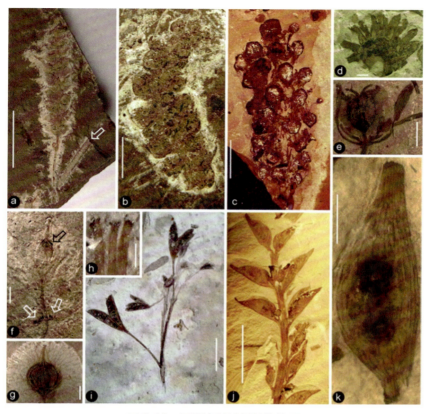

图 5.13　早期多种被子植物化石

（来源：Xin Wang，2015）

图 5.14　最早的被子植物化石之一 ——辽宁古果

附录名词

　　巴蜀湖：二亿多年前发生了全球规模的"印支运动"，使得使四川盆地边缘逐步隆起环绕成山，被海水淹没的地区逐步上升成陆地，由海盆转为了湖盆。湖水几乎占据现今四川盆地的全部，称为"巴蜀湖"。巴蜀湖是四川盆地很多地方产盐和天然气的原因，盐卤是海陆转换时期形成的上扬子蒸发海的产物。

　　丹霞地貌：是指以陆相为主的红层发育的具有陡崖坡的地貌，在我国广泛分布，最早得名于广东省韶关市仁化县丹霞山。

　　蓬莱镇组：为侏罗纪最晚期的地层，命名地点在四川蓬溪县蓬莱镇，含有硅化木与马门溪龙化石等。

　　云杉型木化石：是指类似云杉树木形成的木化石。云杉为乔木，高可达 45 米，直径可达 1 米。

　　松柏类：为松柏纲植物，常绿或单叶乔木，主干发达，叶呈针形、线形、披针形、刺形或鳞片形。最早出现于石炭纪晚期，中生代早期发生快速演化，至晚侏罗世或早白垩世达到顶峰。

　　被子植物：起源于侏罗纪晚期，也是开花植物，是当今世界植物界中最高级、种类最多、分布最广、适应性最强的类群。现知全世界的被子植物共有 20 多万种，占植物界总数的一半以上。我国已知的被子植物 2 700 多属，3 万余种。

6. 白垩纪：深藏岩石的森林

巨变永无休，

大树又奈何。

裸植没落日，

花开兴盛时。

白垩纪时期大陆被海洋分开，地球总体变得温暖和干旱，局部地区（例如四川盆地）表现得更加明显（图6.1）。

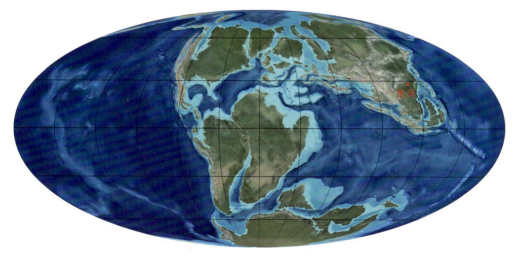

图6.1　白垩纪海陆格局

重庆的白垩纪地层外表看上去与侏罗纪的没有两样，都是红色的岩层。在这些岩层中到目前也没有发现任何植物化石，给人的直观印象是与森林没有什么关系。但你可知道，隐藏在这些红色的岩石中有一种微小的化石——孢粉。人们曾经采集岩层中的泥岩与砂岩，对样品进行了酸泡处理，然后挑出了大量微小的孢粉（图6.2）。

孢粉是什么？

孢粉就是孢子与花粉的总称，也就是植物的种子。它们在古生物分类上属于微体化石类型，个体十分小，肉眼根本无法看到。但如果借助显微镜放大几百倍，你

图 6.2　孢粉实验室

（来源：中国图库）

就能看到它们的身姿。你将会看到大量、巨大的圆球，上面长有很多长短不一的刺，

形成一幅十分壮观的图案（图 6.3）。这些长满刺的圆球代表的是无数的森林植物。

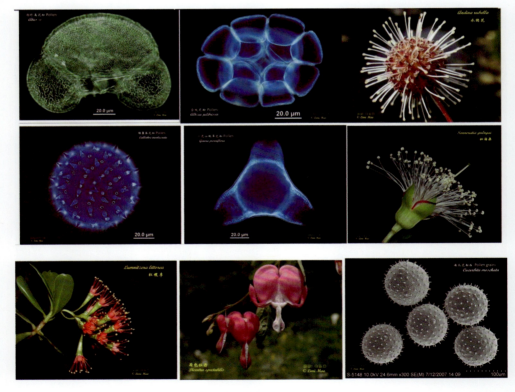

图 6.3　五彩缤纷的孢粉

（来源：化石网）

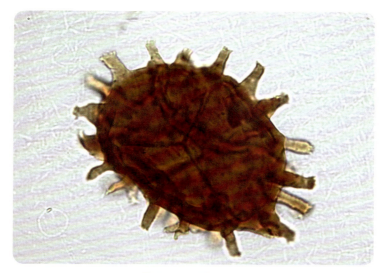

图 6.4　白垩纪孢粉

因此，当你看到巴渝山水中白垩纪时代的岩石时，应该能从红色的岩石中看到一个遍布长满小刺的圆球的世界，眼前浮现出的是一片浩如烟海的绿色森林。

需要指出的是，虽然侏罗纪和白垩纪的岩石外观上看上去没什么两样，但侏罗纪末期被子植物开始崛起，在白垩纪大发展逐渐占据了主导地位，而裸子植物逐渐退居次席。被子植物是开花植物，在很多植物类型上与侏罗纪的有所不同。因此，白垩纪的植物世界是五彩斑斓的，环境开始变得更加美丽。

究竟是什么原因造成被子植物取代了裸子植物开始占据地球呢？

这个还是要从地球的构造运动说起。白垩纪时期，地球上发生了重大事件，造成了海陆格局的全新变化，这就是超级大陆——泛大陆的分裂。分久必合，合久必分。聚集达亿万年的超级大陆逐渐开始裂解，海洋与陆地的势力重新开始划分，这造成了全球气候的巨变。科学家模拟了在泛大陆分裂过程中的全球气候变化，他们使用海洋－大气一般环流模型，观察到了中三叠世时期大陆的降水增加，把雨带到了此前的沙漠地区。在这个模拟中，温带植物群的区域从模拟的三叠纪（2.25 亿年前）陆块的 25% 增加到了模拟的白垩纪（9500 万年前）陆块的 45%。正是这种全球气候变化可能为被子植物在白垩纪的繁盛提供了适度的湿度条件。此外，白垩纪气候变化的其他效应，诸如上升的海平面以及隔离的群岛的形成，可能也对被子植物多样性的突然崛起有贡献。总之，这些天赐的有利条件使得被子植物在白垩纪迅速多样化，重新塑造了一个世界，而这个世界此前被蕨类和松柏植物所占据。科学家对白垩纪期间被子植物化石地点的位置进行了统计研究，发现85%的被子植物化石地点位于热带或温带生物群。而从白垩纪中期开始，随着时间的推移，化石地点变得更加多样，在地理上分散开来，并且扩张到了北纬地区。

重庆的白垩纪森林使得重庆的中生代东方侏罗纪世界得以延续，因此在白垩纪时期，森林中依然生存着大量的恐龙（图6.5）。例如，在重庆黔江区正阳镇发现了大量的恐龙化石，经专家鉴定有鸭嘴龙、巨龙、肉食类龙等。在綦江老瀛山发现了大量的恐龙足迹化石，足迹群中还有翼龙与水鸟足迹（图6.6）。这表明不但有大量的恐龙生活在当时的白垩纪森林中，而且天空中还能看到翼龙和鸟类飞翔，所有的一切构成了一幅不亚于侏罗纪的生机盎然的中生代景象。

图6.5 白垩纪森林场景

图 6.6　綦江恐龙足迹群

然而，从侏罗纪开始的地质运动导致四川盆地逐渐抬升，水域面积减少，气候日益炎热干旱，引发植物大量死亡、森林萎缩，巴渝大地上延续了 1 亿 8 000 万年的中生代森林王国在白垩纪终结。它们的衰败导致了重庆乃至四川盆地以恐龙为代表的中生代帝国的坍塌。很多人都知道全球范围内是 K/T 大灭绝导致了恐龙从地球上消失，而在四川盆地，恐龙帝国的提前告终则很有可能是因为气候的干旱。

中生代森林繁荣的时间持续得相当长，而进入新生代之后，由于地质运动和外力风化作用，重庆缺少了第三纪的地层。因此，我们在野外无法发现第三纪的植物化石，但这并不影响我们探寻巴渝远古的森林。我们在重庆的山中陆续发现了多种植物活化石（图6.7），而且搜寻工作一直还在进行当中。我们的计划是未来搜集齐重庆辖区内的活化石，再出版一本书籍，供人们查阅。说到这里可能有人会问，重庆为什么有那么多植物活化石？这是因为第三纪时期华南广大地区环境恶劣，导致很多植物无法存活，而重庆则是一处天然的避难所，让这些植物活化石得以存活、延续至今。

图 6.7　活化石桫椤树

附录名词

孢粉：是孢子和花粉的简称。孢子植物的孢子和种子植物的花粉，都是生殖细胞。孢子花粉质轻量多，散布极广，各沉积地层中均可保存，对划分对比地层、恢复古地理古气候极有价值。

K/T 大灭绝：指距今 6500 万年前白垩纪末期以恐龙为代表的动物以及蕨类植物的大灭绝事件，75% ~ 80% 的物种灭绝。在五次大灭绝中，这一次大灭绝事件最为著名，因长达 1.6 亿年之久的恐龙时代在此终结，海洋中的菊石类生物也一同消失。其最大贡献在于消灭了地球上处于霸主地位的恐龙及其同类，并为哺乳动物及人类的登场提供了契机。造成此次大灭绝的原因有很多种说法，目前最主流的解释是由于小行星撞击地球，导致大量尘埃弥漫到大气中，遮挡了阳光，导致植物大量灭绝，而尘埃中的有毒物质附着在植物叶片上，导致进食的草食性恐龙以及捕食它们的肉食性恐龙相继硒和砷中毒或食物匮乏而死。

第三纪：是新生代的第一个纪，距今 6500 万～ 260 万年。第三纪的重要生物类别是被子植物、哺乳动物、鸟类、真骨鱼类、双壳类、腹足类、有孔虫等，这与中生代的生物界面貌迥异，该时代标志着"现代生物时代"的来临。现在第三纪的称法多被古近纪和新近纪所取代。

植物活化石：是指在地球史上出现过，而在地球上的大部分地方已经绝迹，只有在某些狭小的地区保存下来的植物，例如银杏、金钱松、桫椤等树种。

7. 第四纪：乌黑的阴沉木

昔日滨岸驻茂林，

今朝渝城并山水。

万年长青随天去，

今日黝黑亦无他。

时间来到新生代，被子植物已经成为植物的主导，巴渝大地依然是一片郁郁葱葱，但比之前更加美丽，部分山区有了草原，森林与五彩缤纷的花海交相辉映，构成了更加壮丽的巴渝山川。

在新生代，多次的地质构造运动造就了重庆的地理格局，重庆的东北和东南地区形成了众多山脉，这些山脉形成了很多喀斯特灰岩地貌，发育各种天坑、溶洞和漏斗等。山脉之中森林密布，河流绕山穿林而过，湖泊星罗棋布，这种优良的环境成为哺乳动物活跃的天堂。100多万年以来，在这些山脉丛林当中生活着很多动物：一群剑齿象在水边洗去浑身的泥垢，成群的牛在河流边迁移，犀牛则在草地上缓慢地移动，很多小鹿在森林中奔跑跳跃，野猪在驱赶着企图冒犯自己家园的野兽，熊猫躺在竹林中啃食竹子……有些动物在活动中不慎掉入洞穴当中，尸体被泥土逐渐掩埋，天长日久形成了化石。后来，这些化石被人们发现并挖掘出来，成了中国最早古生物研究的对象。化石的产地也变得有名了起来，例如万州盐井沟动物群化石。虽然经过了数十年的挖掘，今天我们依然能从里面挖掘出前所未有的、精彩的、完整的化石。目前为止，这里已经发现了东方剑齿象（图7.1）、巨貘（图7.2）、野牛等的化石。我们虽然没有发现100万年以来的植物化石，但从这些动物化石身上很容易联想到那片一眼望不到边的森林。没有森林，就没有今天的化石大发现。

几万年前，重庆的大江大河岸边生长着巨大的树木（图7.3），后来发生了很多自然变化，这些树木倒在了河流中被泥沙掩埋，慢慢形成了阴沉木。

图 7.1　东方剑齿象化石

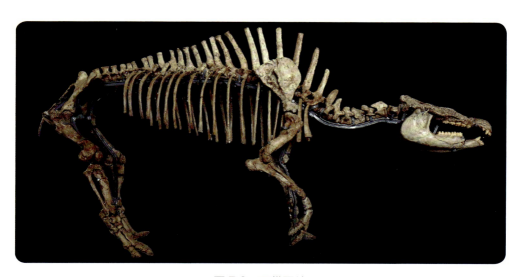

图 7.2　巨貘图片

图 7.3　森林河流场景

什么是阴沉木？它们与人们常说的乌木是什么关系？

阴沉木是指几千到数万年前的原始森林因地壳变迁等自然原因，树木被埋于古河床、泥沙之下，经千万年的各种作用后全部碳化或部分碳化的各类古树。阴沉木在科学研究和实用价值等方面都具有重要的意义。阴沉木应该归属于文物还是化石目前尚没有明确。因为其年代从几千年到几万年不等，时代分布恰好跨越了传统意义上文物与化石 10 000 年的分界线。我们认为阴沉木因为属自然成因，与化石成因基本相似，因此将其认定为属化石范畴，是一种植物化石类型。

人们常常把野外河沟里发现的阴沉木称为乌木，是因为其黑乎乎的身躯（图7.4）。这一点无可非议，但有一个误区需要澄清，科学分类上还真有乌木这种类型。这树木叫作乌材，别称乌木，是一种常绿乔木或灌木，树皮灰色、灰褐色至黑褐色，在我国广东、广西、台湾海拔 500 米以下的山地或山谷溪畔林中生长，在越南、老挝、马来西亚、印度尼西亚（苏门答腊、爪哇和加里曼丹）等地也有分布。所以说，人们常说的乌木是一种民间称法，实际上则是此乌木非彼乌木。

图 7.4　阴沉木
（来源：汇图网）

　　重庆是阴沉木分布的重要资源区。从图 7.5 可以看出，嘉陵江和长江流域是阴沉木出产的主要地方，北碚、江北、江津、合川等 23 处地方均有阴沉木发现的记录，几乎覆盖重庆全辖区，而且以后还会有更多的发现。阴沉木的形成，除有较大流量和水压的河流条件外，还需要河两岸有坡度较大的山峰，有产生滑坡等地质变化的条件，而长江三峡地区刚好同时具有这几个条件。三峡地区阴沉木主要分布在奉节县、云阳县和巫山县一带约 200 千米长的区域，其中以奉节县发现最多。近些年来，重庆三峡地区以外的长江、嘉陵江流域的很多地方陆续也发现了阴沉木的集中的区域。例如北碚观音峡的阴沉木，这里可谓是一个阴沉木的"公墓"，有大量的阴沉木裸露在河滩上，是质量较好的呈黑色碳化状的阴沉木，藏量丰富，有重要的科研利用价值，对于研究北碚观音峡区域古生态环境具有重要作用。遗憾的是，因为阴沉木的价值高，发生了很多盗挖的情况。另外还值得一说的是，重庆北部新区大竹林唐家嘴石梁桥村石桥九社出土一根重约 20 吨的阴沉木，经过我们反复研究，认定此木长 17.2 米，树干最粗处直径约 1.5 米，是重庆目前发现的最大阴沉木。

　　重庆的阴沉木类型目前来看多为麻柳等，梁平产出过最高等级的阴沉木——金丝楠木（图 7.6）。这里有必要说一下金丝楠木的阴沉木。重庆西阳有着现代的金丝楠木群，树木高大，已经成为景区。金丝楠木阴沉木则看似黝黑，但打磨之后在光

图 7.5　重庆出产阴沉木地点分布图

1. 朝天门码头；2. 江北区鱼嘴；3. 渝北区大竹林唐家嘴；4. 北碚观音峡；5. 北碚东阳草滩与三胜；
6. 合川龙市；7. 巴南；8. 江津区支坪街道仁沱渡口；9. 永川；10. 大足；11. 铜梁；12. 垫江；13. 梁平；
14. 万州；15. 开州；16. 奉节；17. 巫山；18. 丰都；19. 石柱；20. 黔江；21. 武隆江口；22. 彭水；23. 酉阳

图 7.6　金丝楠木抛光

照下可以看到金光闪闪，金丝浮现，且有淡雅幽香。金丝楠木的鉴别方法可以总结为"一看二闻三烧"："看"就是用光照木材要看到金丝缕缕闪光，"闻"就是要能闻到木材透出的淡淡幽香，"烧"就是用打火机等烧木材，如果灰烬为黄色则说明是金丝楠木。最近，我们又在合川发现了金丝楠木，用上面的鉴别方法确定是一种绿金丝楠木（图7.7）。笔者取了部分材料放置在办公室中，时时拿起都能闻到散发出的淡淡清香。

现在重庆有很多地方都有小作坊，这些作坊把阴沉木加工成为工艺品，像根雕、茶几、手珠等。我们从这些黝黑的木材上可以看到万年之前重庆的场景，无论是高

（a）外观与内部特征

（b）光照下呈现出黄金丝般光泽

（c）经火烧后残余灰为黄色

图 7.7　合川阴沉木

山还是低谷，无论是江边还是湖畔，到处都是绿色森林，构成了各种动物生活的家园。山水之城是名副其实的绿色家园。

附录名词

喀斯特灰岩地貌：喀斯特一词源自前南斯拉夫西北部伊斯特拉半岛碳酸盐岩高原的名称，是具有溶蚀力的水对可溶性岩石（大多为石灰岩）进行溶蚀作用等所形成的地表和地下形态的总称，又称岩溶地貌。

万州盐井沟动物群：指在重庆万州盐井沟附近发现的一个哺乳动物群，以盛产第四纪哺乳动物化石而闻名于世，是中国南方第四纪中更新世"大熊猫—东方剑齿象动物群"最为典型的代表。

金丝楠木：一种大乔木，高达 30 余米，树干通直，多见于海拔 1500 米以下的阔叶林中，主要产于四川、湖北西部、云南、贵州及长江以南省区。木材有香气，纹理直而且结构细密，不易变形和开裂，为建筑、高级家具等的优良木材。为中国特有的珍贵木材，属国家二级保护植物。

参考文献

［1］黄其胜.四川盆地北缘达县、开县一带早侏罗世珍珠冲植物群及其古环境［J］.地球科学 — 中国地质大学学报，2001，26（3）:221-228.

［2］黄其胜，鲁胜梅.川东地区晚三叠世须家河植物群古生态初探［J］.地球科学 — 中国地质大学学报，1992，17（3）:329-335.

［3］金建华.地质时期植物生活型重建及古植物群落恢复［J］.生态科学，1999，18（3）:40-46.

［4］周志炎.古植物整体研究和重建［J］.古生物学报，1992，31（1）:117-126.

［5］方晓思.四川綦江观音桥志留纪微体古植物［J］.微体古生物学报，1989，6（3）:301-310.

［6］李星学，周志炎，宋之琛，等.中国古植物学十年来研究的新进展［J］.古生物学报，1989，28（2）:129-150.

［7］张锋，胡旭峰，王荀仟，等.重庆綦江中侏罗世木化石群的发现及其科学意义［J］.古生物学报，2015，54（2）:261-266.

［8］朱浩然，刘志礼，刘雪娴.关于前寒武纪原核和真核古植物的讨论［J］.Journal of Integrative Plant Biology，1981，23（1）:58-65.

［9］王全伟，阚泽忠，刘啸虎，等.四川中生代陆相盆地孢粉组合所反映的古植被与古气候特征［J］.四川地质学报，2008，28（2）:89-95.

［10］刘笛笛，杨子荣，杨彦东，等.四川盆地珍珠冲组植物群特点及侏罗系与三叠系界线的厘定［J］.地球科学与环境学报，2009，31（3）:254-259.

［11］龚黎明，王长生，冯代刚，等.重庆地区第四纪气候的初步研究［J］.地层学杂志，2012，36（03）:620-626.

［12］唐领余，毛礼米，吕新苗，等.第四纪沉积物中重要蕨类孢子和微体藻类的古生态环境指示意义［J］.科学通报，2013，58（20）:1969-1983.

［13］张锋，王丰平，李伟，等.重庆綦江古剑山上侏罗统蓬莱镇组木化石群的发现及其科学意义［J］.古生物学报，2016，55（2）:207-213.

［14］四川省地质矿产局.四川省区域地质志［M］.北京：地质出版社，1991:206-281.

［15］杨关秀.古植物学［M］.北京：中国地质出版社，1994:259-268.

［16］李星学.中国地质时期植物群［M］.广州：广东科技出版社，1995:1-21.

［17］克里斯托弗维奇 A.H.古植物学［M］.北京：中国工业出版社，1957.

［18］杨式溥.古生态学［M］.北京：地质出版社，1993.

［19］斯行健，李星学.中国中生代植物［M］.北京：科学出版社，1963.

［20］叶美娜，刘兴义，黄国清，等.川东北地区晚三叠世及早中侏罗世植物群［M］.合肥：安徽科学技术出版社，1986:90-94.

［21］周志炎.侏罗纪植物群［C］//李星学.中国地质时期植物群.广州：广东科技出版社，1995:266-277.

［22］李旭兵，孟繁松.重庆合川自流井组植物化石的发现［J］.华南地质与矿产，2003，（3）:60-65.

［23］王永栋，付碧宏，谢小平，等.四川盆地陆相三叠系与侏罗系［M］.合肥：中国科学技术大学出版社，2010.

［24］REYMENTRA. Introduction to quantitative paleoecology［M］. New York:Elsevier,1971.

［25］KRASSILOVVA. Paleoecology of terrestrial plants［M］. New York:John Wiley and Sons, 1975.

［26］MEYEN S V. Fundamentals of palaeobotany［M］. London,New York:Chapman and Hall, 1987.

［27］Xin Wang. The megafossil record of early angiosperms in China since 1930s. Historical Biology:An International Journal of Paleobiology, 2015, 27:3-4, 398-404.

［28］Wang Yi, D.Edwards, M.Bassett. Enigmatic occurrence of Permian plant roots in Lower Silurian rocks, Guizhou Province. Palaeontology, 2013, 56（4）:679-683.